U0720729

BIM技术
在矿山工程建设中的应用

宋政文　王雨龙　朱国燕◎著

中国原子能出版社
China Atomic Energy Press

图书在版编目（CIP）数据

BIM技术在矿山工程建设中的应用 / 宋政文, 王雨龙,
朱国燕著. -- 北京 : 中国原子能出版社, 2022.6
　　ISBN 978-7-5221-1977-9

　　Ⅰ. ①B… Ⅱ. ①宋… ②王… ③朱… Ⅲ. ①矿山建
设 - 应用软件 Ⅳ. ①TD2-39

　　中国版本图书馆CIP数据核字(2022)第103753号

- -

BIM技术在矿山工程建设中的应用

出　　版	中国原子能出版社(北京市海淀区阜成路43号 100048)	
责任编辑	蒋焱兰（E-mail:419148731@qq.com）	
特约编辑	王晓平　张　驰	
责任校对	冯莲凤	
责任印制	赵　明	
印　　刷	北京厚诚则铭印刷科技有限公司	
经　　销	全国新华书店	
开　　本	787mm×1092mm　1/16	
印　　张	12.5	
字　　数	200千字	
版　　次	2022年6月第1版	2022年6月第1次印刷
书　　号	ISBN 978-7-5221-1977-9	
定　　价	58.00元	

出版社网址:http://www.aep.com.cn　　E-mail:atomep123@126.com
发行电话:010-68452845

前 言 PREFACE

　　伴随社会经济的不断发展,人们对于矿产资源的需求越来越大。为了能够满足人们日益增长的矿产资源需求,便需要加大矿山开采力度。在矿产资源开采过程中,大部分矿山企业存在管理水平差、资源浪费严重、工作效率低等问题。针对这些问题,我国矿山行业逐步探索出了一条新型的发展道路。建筑信息模型(building information modeling,BIM)技术是近些年出现在工程领域的一种三维可视化建模技术。将BIM技术应用于煤矿工程中,创建高维度、高精度、高联动的信息模型,发展数字化矿山的研究理念,对解决这一问题具有重要作用,同时各矿山企业也都在紧跟信息化时代下的发展要求,以通过信息技术、智能技术等的应用来进行智慧矿山建设。因为矿山现场的环境复杂,在智慧矿山建设中应充分借助于BIM技术来进行模型的构建,并整合全部的矿山工程信息,在智慧矿山中加强安全管理。

　　同时,矿山施工属于复杂的综合性工程,具有很高的危险性。因此,针对矿山工程领域进行安全管理研究很有必要。基于BIM技术开展智慧矿山标准化建设工程应用,通过分析传统矿山施工安全管理形势,采用BIM技术从矿山工程的前期规划、四维(4 dimensions,4D)可视化、三维设计检查、施工安全监控及检查、施工安全教育培训等方面开展工作,达到有效减少矿山施工现场的安全事故,促进施工人员安全高效地完成矿山项目的目的,对提高矿山工程施工安全管理具有一定的参考价值。

　　这也从另外一个侧面说明在智慧矿山建设过程中,BIM技术在其中发挥着不可替代的作用。因此,要想实现我国社会更快进步,就要将BIM技术优势充分发挥出来,这样才能充分保证智慧矿山质量,不断提升我国矿山工程质量,实现我国矿山工程的可持续发展。基于此,笔者首先对于BIM技术进行了相关概述以及对BIM技术规划与控制、有关软硬件和技术进行简要分析;其次对在矿山工程建设过程中的组织与管理进行探究；最后探究分析基于BIM技术的矿山建设的工程施工安全管理、进度风险管理，并提出如何构建基于BIM的露天矿矿岩运输系统模型构建，通过基于BIM＋地理信息系统(geographic information system,GIS)的智慧矿山建设体系构建的分析，着重论述BIM技术上的智慧矿山工程安全技术应用，不仅可以推进智慧矿山的建设进程，更能够解决矿山工程中的各种安全问题。

宋政文、王雨龙、朱国燕

2022年6月

目 录 CONTENTS

第一章 BIM概论

第一节 BIM内涵

一、BIM起源与发展

千百年来,人们一直以二维的图形文件作为表达设计构思的手段和传递信息的媒介,但二维的信息表达方式本身就具有很大的局限性,限制了人们的构思和交流,于是人们开始借助模型来表达构思或分析事物模型。从本义上讲,BIM是原型(研究对象)的替代物,是用类比抽象或简化的方法对客观事物及其规律的描述。模型所反映的客观规律越接近真实规律、表达原型附带的信息越详尽,则模型的应用水平就越高。在早期阶段,建筑师常常制作实体模型来作为建筑表现手段。随着计算机技术的发展,研究人员开始在计算机上进行三维建模。早期的计算机三维模型是用三维线框图去表现建筑物。这种模型比较简单,仅能用于几何形状和尺寸的分析。后来出现了用于三维建模和渲染的软件,可以给建筑物表面赋予不同的颜色以代表不同的材质,可以生成具有实景效果的三维建筑图,但是这种三维模型仅仅是建筑物的表面模型,没有建筑物内部空间的划分,只能用来推敲设计的体量、造型、立面和外部空间,并不能用于设计分析和施工规划。随着建筑工程规模越来越大,附加在建筑工程项目上的信息量也越来越大[①]。

当代社会对信息的日益重视,使人们认识到信息会对项目整个建设周期乃至整个生命周期产生重要的影响,信息利用水平直接影响到项目建设目标的实现。因此,在建筑工程中应用合理的方法和技术来处理各种信息,建立起科学的、能够支持项目整个建设周期的信息模型,实现对信息的全面管理迫在眉睫。

近些年来,BIM无论是作为一种新的理念,还是作为一种新的生产方式都得到了业内广泛的关注。很多人都认为BIM是一个新事物,但实际上,关于

[①]徐亚忠. 建筑工程管理中BIM的有效的应用[J]. 建材与装饰,2019(17):198-199.

BIM技术的思想由来已久。早在40多年前,被誉为"BIM之父"的查克·伊士特曼 Chuck Eastman(1975)教授就提出了 BIM 的设想,预言未来将会出现可以对建筑物进行智能模拟的计算机系统,并将这种系统命名为"建筑描述系统(Building Description System)"。在20世纪(70—80)年代,BIM 的发展虽受到计算机辅助设计(computer aided design,CAD)的冲击,但学术界对 BIM 的研究从来没有中断。在欧洲,主要是芬兰的一些学者对基于计算机的智能模型系统"产品信息模型(Product Information Model)"进行了广泛的研究,而美国的科研人员则把这种系统称为"建筑产品模型(Building Product Model)"。1986年,美国学者罗伯特·阿依施(Robert Aish)提出了"建筑模型(Building Modeling)"的概念。这一概念与现在业内广泛接受的 BIM 概念非常接近,包括3D特征、自动化的图纸创建功能、智能化的参数构件、关系型数据库等。在"建筑模型(Building Modeling)"概念提出不久,建筑信息模型(BIM)的概念就被提出。但当时受计算机硬件与软件水平的影响,BIM 的思想还只是停留在学术研究的范畴,并没有在行业内得到推广。BIM 真正开始流行是在2000年之后,得益于软件开发企业的大力推广,很多业内人士开始关注并研究 BIM。目前,与 BIM 相关的软件、操作标准都得到了快速的发展,Autodesk、Bentley、Graphsoft 等全球知名的建筑软件开发企业纷纷推出了自己的产品。BIM 从学者在实验室研究的概念模型,逐渐演变成了在工程实践中可以实施的商业化工具。

二、BIM定义

(一)BIM的概念

很多组织都对 BIM 的含义进行过诠释。这其中既有著名的软件公司(如 Autodesk、Bentley 和 Graphisoft)和建筑企业(如 DPR 建筑公司,Magraw-Hill 建筑信息公司),也有行业协会(美国建筑师协会、美国总承包商协会),政府部门(如美国总务管理局)和科研机构(如美国建筑科学研究院、佐治亚理工大学建筑学院)。

Autodesk 公司是全球最大的建筑软件开发商,也是对 BIM 研究最为深入的组织之一。自2000年后,Autodesk 公司一直致力在全球范围内推广 BIM。其发布的《Autodesk BIM 白皮书》对 BIM 进行了如下定义:BIM 是一种用于设计、施工、管理的方法,运用这种方法可以及时并持久地获得质量高、可靠性好、集成度高、协作充分的项目信息。

美国建筑科学研究院联合设施信息委员会等国际著名的建筑协会一起编制了《国家建筑信息模型标准》NBIMS(NIBS,2008)。其中,对BIM进行了如下定义:BIM是对设施的物理特征和功能特性的数字化表示,它可以作为信息的共享源从项目的初期阶段为项目提供全寿命周期的信息服务。这种信息的共享可以为项目决策提供可靠的保证。这一定义是目前对BIM较为权威的阐释,在行业内得到了广泛认可。

国际标准组织设施信息委员会(2008)对BIM进行了定义:BIM是在开放的工业标准下,对设施的物理和功能特性及其相关的项目生命周期信息的可计算或可运算的形式表现,从而为决策提供支持,以便更好地实施项目的价值。

在我国已颁布的《建筑信息模型应用统一标准》(GB/T 51212—2016)和《建筑信息模型施工应用标准》(CB/T 51235—2017)中将BIM定义为:在建设工程及设施全生命期内,对其物理和功能特性进行数字化表达,并依此设计、施工、运营的过程和结果的总称。从上述定义可以看出,Building Information Model和Building Information Modeling虽然都可以缩写为BIM,但却有着不同的含义,前者是一个静态的概念,而后者是一个动态的概念,在对BIM含义的分析也从静态与动态两个方面加以理解:静态的BIM可以从建筑、信息、模型三个方面去解释。建筑代表的是BIM的行业属性,BIM服务的对象是建筑业而非其他行业,其他行业也有产品数据模型,如制造业的产品数据模型(Product Data Model)。信息是BIM的灵魂,BIM的核心是在不同的项目阶段为不同的组织提供各种与建筑产品相关的信息,包括几何信息、物理信息、功能信息、价格信息等。

(二)BIM概念的扩展

随着BIM应用范围的日益广泛和应用层次的逐渐深入,BIM的内涵也在不断地扩展。Autodesk(2007)提出,BIM不仅仅是一种建筑软件的应用,它还代表了一种新的思维方式和工作方式,它的应用是对传统的以图纸为信息交流媒介的生产范式的颠覆;Finith(2007)在其著作《广义BIM与狭义BIM》中指出,BIM的内涵具有狭义和广义之分。狭义的BIM主要指对BIM软件的应用,广义的BIM考虑了组织与环境的复杂性及关联性对信息管理的影响,目的是帮助项目在适当的时间、地点获取必要的信息。麦格劳—希尔建筑信息公司(2007)在其出版的BIM专著《建筑信息模型——利用4D CAD和模拟来规划和管理项目》中对BIM的内涵作出了这样的界定:BIM不仅仅是一种工具,而且也是通过建立模型来加强交流的过程。作为一种工具,它可以使项目各参与方共同创建、分析、共享和集成模型;作为一个过程,它加强了项目组织之间的协作,并使他们从模型的应用过程中受益。美国建筑科学研究院在《国家建筑信息模型标准》中对广义BIM的含义作了阐释:BIM包含了3层含义,第一层是作为产品的BIM,即指设施的数字化表示;第二层含义是指作为协同过程的BIM;第三层是作为设施全寿命周期管理工具的BIM。查克·伊士曼(Chuck Eastman)教授在著作《BIM指南》中指出BIM并不能简单地被理解为一种工具。它体现了人类在建筑行业的广泛变革活动。这种变革既包括了工具的变革,也包含了生产过程的变革。由此可见,随着BIM理论的不断发展,广义的BIM已经超越了最初的产品模型的界限,正被认同为一种应用模型来进行建设和管理的思想和方法。这种新的思想和方法将引发整个建筑生产过程的变革。

BIM模型是基础。因为它提供了共享信息的资源。有了资源才有发展到BIM建模和建筑信息管理的基础;而建筑信息管理则是实现BIM建模的保证。如果没有一个实现有效工作和管理的环境,各参与方的沟通联络以及各自负责对模型的维护、更新工作将得不到保证。BIM建模是最重要的部分,因为它是一个不断应用信息完善模型、在设施全生命周期中不断应用信息的行为过程,最能体现BIM的核心价值。但是不管怎样,在BIM中最核心的东西是"信息"。正是这些信息把3个部分有机地串联在一起,形成一个BIM的整体。如果没有信息,也就不会有BIM。

(三) BIM的衡量标准

尽管BIM的概念已经表达了BIM工具应具有的特征,但仅凭概念仍难以准确掌握,不少人将BIM和传统的三维建模工具(如3D Max、3D CAD)等同起来。为了能更好地认识和区分BIM工具和传统的三维建模工具的差别,有些组织和科研人员提出了BIM的衡量标准。

美国《国家建筑信息模型标准》指出:BIM的概念、含义及工具都处在不断发展的过程中。随着其技术水平的提高和应用的深入,业界对BIM的认识正在逐渐提高,同时对BIM的衡量标准也会逐渐提高。因此,BIM是一个不断发展变化的概念。该报告提出了用11个指标来衡量BIM的成熟度,即数据的丰富性、全寿命周期视角、变更管理、多专业的协作、业务流程、实时性、信息交流的方式、图形化的信息、空间定位能力、信息的精确性和协同能力。

BIM界定标准虽然存在一定的差异。造成差异的原因在于评价角度不同。在当前阶段,凡是具有多维化、参数化、智能化基本特征的建筑生产工具都可以认为是BIM工具。BIM工具不是针对某一参与方和某一阶段的某一种工具,包括服务于整个建设生产周期的所有软件,如设计分析、模拟、造价等。当然,随着时间的推移,对BIM工具的技术和功能要求也会越来越高,BIM工具的界定标准也会不断提高。现在被认为达到BIM工具基本要求的设计、分析软件在将来可能就无法满足对BIM的界定标准。

(四)BIM模型架构

人们常以为BIM模型是一个单一的模型,但到了实际操作层面,由于项目所处的阶段不同、专业分工不同、实现目标不同等,项目的不同参与方还必须拥有各自的模型,如场地模型、建筑模型、结构模型、设备模型、施工模型、竣工模型等。这些模型是从属于项目总体模型的子模型,但规模比项目的总体模型要小。

所有的子模型都是在同一个基础模型上生成的。这个基础模型包括了建筑物最基本的构架:场地的地理坐标与范围、柱、梁、楼板、墙体、楼层、建筑空间等,而专业的子模型就是在基础模型的上面添加各自的专业构件形成的。这里专业子模型与基础模型的关系就相当一个引用与被引用的关系,基础模型的所有信息被各个子模型共享。

因此,BIM模型的架构通常包含有4个层次:子模型层、专业元素层、共享元素层和资源数据层。这四层全部总体合成为项目的BIM模型。

第二节　BIM 与 CAD 的发展历程

一、建筑设计信息化技术的发展

自 20 世纪 60 年代至今,计算机辅助建筑设计(Computer Aded Architectural Design,CAAD)在建筑设计业中的应用经历了几个发展阶段。但是传统的 CAD 技术并不能实现真正意义上的"计算机辅助设计",其实现的只是"计算机辅助制图",是一种纯图形设计,设计数据彼此无法建立关联,并最终使建筑信息出现割裂和缺损。因此,对建设工程生命周期各个阶段信息集成的需求越来越迫切。20 世纪 90 年代出现的面向对象技术给建筑设计软件的开发开辟了广阔的空间。在建立建筑对象的基础上,软件普遍采用智能化建筑构件技术,实现 2D 图形和 3D 图形的关联显示,以及构件之间的智能化联动,并逐渐出现了 BIM[1]。

二、CAD 与 BIM 的比较

事实上,工程制图的发展有其历史因素和演化背景。最早期以手绘的方式来绘制工程图纸,所需投注的人力和时间成本极高,精确度和质量有很大的改善空间。此后,由于 CAD 技术的兴起,利用计算机以数位化的方式进行工程制图,生产力大幅提升,促使工程图纸的修正和重绘也变得更容易,甚至能在 3D 虚拟空间中仿真物体的量体外观。然而 CAD 图的组成要素仍以点、线、面等几何性质来描述,并不具有对象识别的概念,且 CAD 图纸和其组成元素之间的相关性无法交互参照,变更设计时仍需将所有关联的工程图纸进行重绘,更重要的是建筑产业涉及许多不同的专业领域(如建筑结构、机电等),以 2D 为主要沟通模式的 CAD 工程图中时常会发生对象冲突或碰撞的情形。鉴于此,人们逐渐发展新技术、应用新方法来解决所面临的问题,BIM 相关技术的发展便是此演化过程的结果。以对象的角度来描述建筑或设施的构件算是一项重大的变革,使构件和其相关信息可在 3D 虚拟空间中模拟出更加真实的应用情境,所有工程图纸的产出皆源自 BIM 模型中的对象,来源于参数化设计(Parametric Design)

---

[1]王爽. 浅谈 BIM 技术的发展历程及其工程应用[J]. 城市建设理论研究(电子版),2017(28):128.

的机制,得以连动地修改BIM模型组件的属性参数来达到变更设计的目的,而不再是于传统CAD图纸中离散地修改几何组成元素,且设计上的冲突可在3D虚拟空间中得到有效检查。信息一致性提高则错误便减少,效率和生产力也皆有所提升。

第三节　BIM 对建筑业的影响及所面临的挑战

一、BIM 对建筑业的影响

(一) BIM 为建筑业带来的变革作用

由于现有的信息共享和沟通模式使建筑业割裂的问题更加严峻。查克·伊士特曼(Eastman 2008)在《BIM 指南》一书中指出,在基于纸质文档沟通的建设项目交付过程中,纸质文档的错漏导致了现场出现不可预料的成本、延期甚至是项目各参与方之间的诉讼。正是 BIM 技术的参数化、可视化的特征改变了建筑业工作对象的描述方式,改变了信息沟通方式,势必将从根本上引起建筑业生产方式的变化。BIM 用于建设项目全生命周期,基于信息模型进行虚拟设计与施工,将促进项目各参与方之间的沟通与交流。一方面,作为一项创新技术,BIM 为建设项目各参与方提供了一个协同工作和信息共享的平台;另一方面,作为一种集成化管理模式,BIM 情境下需要对建设项目各参与方的工作流程、工作方式、信息基础设施、组织角色契约行为及协同行为进行诸多的变革。

(二) BIM 对建设项目组织的影响

随着 BIM 在全球的广泛扩散和应用,BIM 的应用对建筑业产生了一系列的影响。例如,基于 BIM 的跨组织、跨专业集成设计,基于 BIM 的跨组织信息沟通,基于 BIM 的跨组织项目管理,基于 BIM 的生产组织及生产方式,基于 BIM 的项目交付,基于 BIM 的全生命周期管理,等等。相比 2D CAD 技术,这一系列的影响均具有跨组织的特性。BIM 的成功应用需要打破项目各参与方(业主、设计方、总承包方、供货方及构配件制造方等)原有的组织边界,有效集成各参与方的工作信息,设计方、总承包方、供货方、构配件制造方及相关建筑业企业间相互依存形成的项目网络可以通过合作共同创建虚拟的项目信息模型。伦敦西斯罗机场 T5 航站楼 BIM 应用的研究认为,BIM 在明显改变单个组织活动方式的同时,也会给项目其他参与方之间的沟通方式、权责关系以及整个行业的市场结构带来巨大变革。

(三) BIM 对建设项目绩效认知方式的影响

BIM 的应用将明显改变建设项目绩效评价的方式。基于 BIM 的建设项目绩效指标体系已不再局限于传统的"铁三角"项目绩效,即投资、进度与质量。BIM的应用鼓励在设计阶段集成施工阶段的信息,需要并将促进各参与方之间良好的合作。同时,各参与方所面临的显著变化是,从设计阶段各专业紧密使用一个共享的建筑信息模型,到施工阶段各参与方使用一整套关联一致的建筑信息模型作为项目工作流程和各方协同的基础。这不仅对建设项目的投资和进度有着严格的要求,还需要协同设计方与总承包方以实现建设项目的精益交付。成功的BIM应用追求的是"1+1>2"的效果,不仅仅是谋求建设项目某一参与方的自身绩效,更关注于从项目整体的角度来测量项目绩效。

(四)BIM对建设项目全寿命周期管理的影响

BIM的本质是建筑信息的管理与共享,必须建立在建设项目全寿命周期过程的基础上。BIM模型随着建筑生命周期的不断发展而逐步演进,模型中包含了从初步方案到详细设计、从施工图编制到建设和运营维护等各个阶段的详细信息。可以说,BIM模型是实际建筑物在虚拟网络中的数字化记录。BIM技术通过建模的过程来支持管理者的信息管理,即通过建模的过程,把管理者所要的产品信息加以累计。因此,BIM不仅仅是设计的过程,更加强调的是管理的过程。其中,设计、施工运营的递进即为不断优化的过程,与BIM虽非必然联系,但基于BIM技术可提供更高效合理的优化过程,主要表现在数据信息、复杂程度和时间控制方面。针对项目复杂程度超乎设计者能力而难掌握所有信息,BIM基于建成物存在,承载准确的几何、物理、规则信息等,实时反映建筑动态,为设计者提供整体优化的技术保障[①]。

二、BIM应用的挑战

(一)BIM的潜力未充分发挥

相关组织及研究者针对美国建筑创新进行调查研究,采用估计数据观察法分析了过去40年间建筑设计CAD软件技术的发展过程,在近10年间,CAD软件的发展势头明显下降,BIM系列软件的发展迅猛,BIM的发展使项目组织间的关系发生了很大的变化。

国内外的研究一致认为BIM能为建设项目带来增值作用,如效率和效能的提高、工期和投资的减少以及质量的提高。建筑业涵盖多个专业领域,建设项目作为其载体需要多专业、多工种的合作才能顺利实施。而建设项目又被视为

---

①于晓.BIM技术对建筑业转型升级的影响研究[D].合肥:安徽建筑大学,2020.

由临时组织构成的松散耦合系统,项目各参与方之间的工作任务高度相互依存。

(二)忽视BIM技术与组织的相互关系

当前由于 BIM 应用面临的诸多困境,建筑行业及学术界开始研究和思考 BIM 技术应用与协同管理所共同面临的问题,传统建设项目及流程的不兼容已成为导致应用问题的关键,造成这种不兼容的根源在于混淆了技术与组织之间的关系。

(三)BIM跨组织应用的障碍

众多学者和组织对 BIM 跨组织应用的障碍进行了研究。其中,哈特曼(Hartman)和费歇尔(Fischer)指出传统项目交易模式下,BIM 应用的主要阻碍包括项目参与方对技术变化的抵触、业内对 BIM 应用缺乏激励措施项目、各参与方不愿意进行模型共享、合同关系不能有效促进模型信息共享、模型的精度不确定、模型的责权关系不明确、法律原因、信息丢失的保险问题、缺乏针对 BIM 应用的标准合同语言、软件和信息的互操作性差等。除技术问题和经济问题外,僵化的生产流程及对使用 BIM 的项目缺乏必要的激励措施已成为 BIM 应用过程中的主要障碍。无论针对组织内部、组织间还是行业层面,组织创新本身就是一个挑战,因为惯性力量对变革的抵触,对于传统的建筑业而言尤为严重。这也就意味着建筑业进行 BIM 这类跨组织创新并发展跨组织合作关系必然会遇到困难与挑战。

第四节 基于BIM的IPD模式

一、IPD的含义与特征

(一)IPD的内涵

集成项目交付(integrated project delivery,IPD)是一种集成形式的项目交付模式,在IPD模式中至少要由业主方、设计方和施工方3个主要参与方共同签署一份协同合作的契约协议。该协议规定各参与方的利益和风险是基于共同的项目目标,并且各方都要遵从契约中关于成本和收益的分配方式。以这种关系型合同为特征的IPD模式是一种能够集成项目所有资源、考虑合同全过程的项目交付方法。其体现了项目各参与方朝着同一个项目目标努力、争取利益和价值最大化的合作理念,而不是一种正式的合同结构形式或者一种标准的管理范式。IPD倡导项目主要参与单位在项目早期就成立团队(至少有业主、设计方和施工方三方参与)。该团队在项目的初期就进行各方的协同工作,如协同设计、挑选合作伙伴等。这种合作大大减少了传统模式中的浪费;各方共同签订的多方协议围绕项目整体目标,促使项目各参与方协同进行资源管理、成本管理和风险与利益管理,提高了管理的效率和效益[①]。

IPD不仅仅考虑项目产品,更加关注项目的合同过程以及合同过程中各参与方之间的关系,换句话说,IPD强调项目整体的策划、设计、施工和运营的综合流程。

通常项目(企业)选择IPD模式有5种动机:赢得市场(竞争力)、成本的可预测性、工期的可预见性、风险管理、技术的复杂程度。

(二)IPD模式的特点

管理层面特点:第一,各主要参与方都是项目的领导者;第二,集成式的项目团队结构;第三,运用精益建造等的管理工具。

交流层面特点:第一,各参与方提早介入项目;第二,由主要参与方共同参与决策,对项目进行控制,共同改进和实现项目目标。

工作环境和技术层面特点:第一,协同工具与协同办公;第二,信息交流共

---

①吴凯.IPD模式下BIM技术应用研究[D].太原:太原理工大学,2020.

享的网络平台。

二、BIM 与 IPD 的关系

实现项目利益最大化是 BIM 实施和 IPD 模式的共同目标,也是为满足业主对建设项目形式和功能的要求,尽可能让投资符合预期价值,能在最短时间内完成,能有更好质量和性能的产品。为实现这一系统性目标,需要在进行建设项目前期,通过合适的方法让项目各参与方充分理解设计意图,在业主及相关方对产品的设计成果充分认可之后,再进行后续的实施环节。BIM 技术可在项目实施前将项目设计成果进行多维可视化仿真模拟,并通过与建筑性能分析工具的集成,对设计方案在建筑能耗、建筑环境(光环境和声环境)和后期运营管理进行虚拟仿真分析,进而对设计方案进行优化。IPD 团队在设计阶段就集成了设计、施工以及运营的团队,事先将后续环节的需求体现在设计成果中。

三、IPD 实施合同条件

工程项目建设是以合同为基础的商品交换行为,合同是项目各参与方履行权利和义务的凭证。传统建设模式下的合同从本质上体现的是项目利益相关者之间的对立关系,这导致项目利益相关者之间的目标不一致。而 IPD 模式下的合同条件,则是以委托代理理论与合作博弈理论为工具,对传统的合同模式进行重新设计,旨在使各方能在 IPD 模式特点和需求的合同框架下以项目利益为重,加强合作,共享利益和共担风险。

(一)IPD 合同类型

IPD 项目中,项目团队应在项目早期尽快组建。项目团队一般包括两类成员:主要参与方与关键支持方。在这样的团队组成模式下,IPD 合同类型主要有4种:集成协议精益工程交付综合协议(Integrated Form of Agreement,IFOA)、三方合作协议(Consensus DOCS300)、单一目的实体(Single-Purpose Entity,SPE)、交易模式下单一多方标准协议(Single Multi-Party Agreement,SMPA)。这4类合同针对 IPD 项目中的决策制定、目标成本、利润获得方式、变更管理以及风险分担等方面都有相关的合同条款。虽然在不同的合同形式下,这些条款不同,但是它们共同的目标和宗旨都在于加强团队协作、降低目标成本以及实现风险的分担和利益的共享。

(二)IPD合同特征

IPD合同特征包括:第一,主要参与方共同签署一份多方协作的关系合同;第二,主要参与方之间共担风险、共享收益,并遵从契约中关于成本和收益的分配方式和激励机制;第三,主要参与方之间放弃对彼此的诉讼权,解决纠纷的方式通常为调解和仲裁;第四,主要参与方彼此之间财务透明。

第二章　BIM 的软硬件及技术

第一节　BIM 应用的相关硬件及技术

一、BIM 系统管理构建

BIM 以 3D 数字技术为基础,集成了建筑工程项目各种相关信息的数据模型,可以使建筑工程在全生命周期内提高效率、降低风险[①]。传统 CAD 一般是平面的、静态的,而 BIM 是多维的、动态的。因此,相比于传统 CAD,构建 BIM 系统对硬件的要求将有较大的提高。随着应用的深入,BIM 信息系统的精度和复杂度越来越大,建筑模型文件容量为 10 MB ~ 2 GB。工作站的图形处理能力是第一要素,其次是中央处理器(computer processing units,CPU)和内存的性能,还有虚拟内存以及硬盘读写速度也是十分重要的。

相比于 AutoCAD 等平面设计软件,BIM 软件对于图形的处理能力要求更高。对于 BIM 的应用较复杂的项目需配置专业图形显示卡,如 Quadro K2000 以上的图形显示卡。在模型文件读取到内存后,设计师不断对模型进行修改、移动、变换等操作以及通过显示器即时输出最新模型样式。图形处理器(graphic processing units,GPU)承担着显示用户对模型文件操作结果的每一个过程的工作。这体现在 GPU 对图形数据显示速度上。

(一)强劲的处理器

由于 BIM 模型是多维的,在操作过程中通常会涉及大量计算,CPU 交互设计过程中承担着更多的关联运算,因此需配置多核处理器以满足高性能要求。另外,模型的 3D 图像生成过程中需要渲染,大多数 BIM 软件支持多 CPU 多核架构的计算渲染,所以随着模型复杂度的增加,对 CPU 的频率要求越高,核数越多越好。CPU 推荐主流规格的 4 核 Xeon E5 系列。CPU 和内存关系,通常是 1 个 CPU 配 4G 内存,同时还要根据使用的模型容量来配置。

①康荣冰.BIM 技术在建筑工程施工管理中的应用[J].湖南工业职业技术学院学报,2020,20(6):24-27,45.

（二）共享的存储

BIM 模型,希望能贯穿于整个设计、施工、运营过程中,即贯穿于建筑全生命周期。因此,BIM 模型必须保证模型共享,实现不同人员和不同阶段数据共享。因此 BIM 系统的基本构成是多个高端图形工作站和一个共享的存储。

硬盘的重要性经常被使用者忽视,大多数使用者认为硬盘就是用于数据存储。但是很多用于处理复杂模型的高端图形工作站,在编辑过程中移动、缩放非常迟钝。原因是硬盘上虚拟内存在数据编辑过程中数据交换明显迟滞严重影响正常的编辑操作,所以要充分了解硬盘的读写性能。这对高端应用非常重要。

二、BIM 系统企业平台

（一）企业传统使用模式的主要问题

1.高投入

在传统 CAD 的设计模式中,由于软件运行在本地图形工作站,图形处理和计算都在本地,且有时候模型数据也存放在本地,需要在本地为每一个设计人员配置高性能图形工作站、高性能的图卡、高性能的处理器和高性能的硬盘,使硬件整体的投入变高。

2.数据安全性低

对于单机设计模式和基于产品数据管理(product data management,PDM)的 CAD 设计早期阶段,由于设计数据存放在设计人员的本地图形工作站,设计人员可以自由控制和管理。因此,数据安全性低。

3.管理复杂

信息技术(information technology,IT)管理人员需要管理和维护每一台设计人员的工作站及其设计软件和数据,当 CAD 设计人员较多时,如何有效管理这些软、硬件及其模型数据便是一个相当麻烦的问题,而且工作量大、不方便。

4.性能瓶颈

基于 PDM 的 CAD 设计,虽然引入了 PDM 服务器,集中存放和管理设计完成的模型数据,实现了数据集中管理。但当同时访问 PDM 数据服务器人数较多时,PDM 服务器本身便成为性能瓶颈。

5.影响计算机辅助教育(computer aided education,CAE)分析效率

在基于 HPC 的 CAE 分析计算过程中,由于需要不断地上传模型和下载结

果数据,尤其是分析结果数据量非常庞大时,通常是几 GB、几十 GB 甚至上百 GB 的数据,系统配置不当将大大地影响分析的效率。

(二)用云计算技术构建企业级 BIM 系统平台

企业级 BIM 系统作为一个建筑设计施工和运营等全过程管理的系统,不可避免地涉及多个应用软件、多个业务部门,甚至是外部关联企业。这就决定了 BIM 系统是跨专业、跨部门的平台。为实现跨专业、跨部门系统共享,作为企业 BIM 平台可采用云计算技术构建基于应用软件共享的 BIM 系统平台。

在 BIM 系统企业云平台中,BIM 应用软件逻辑计算和图形界面显示是分开执行的。应用软件逻辑执行完全在云端工作站上完成。把键盘和鼠标动作等控制信息传输到云端工作站由应用软件处理,将图形界面的信息进行压缩,通过网络协议传输到本地客户机进行解压并显示在用户界面上。传输的只是增量变换的压缩图像信息,而无须将整个模型传输到本地客户机,降低了对本地客户机及网络的资源要求。本地客户机图形操作速度能够等同或接近图形工作站的速度。由于在一般情形下,这种信息带宽仅需 1 MB 或者 2 MB,因此通常企业内部局城网都可满足要求。

基于云计算模式下的 BIM 系统企业平台,对于云端工作站采用的是多用户共享模式,而不是传统的虚拟化技术。此时不同的用户可以共用一个工作站,只是根据模型的需要和实际操作分别占用一部分系统资源。由于现在处理器的核数较多,6 核、8 核甚至 12 核的处理器和单根容量为 16 GB 的内存条都已经大规模使用,单台机器 16 核 CPU 和 128 GB 内存都可以轻易配置。在传统模式中,一个设计软件通常只能用到 1 个核以及有限的内存。因此,这样配置是浪费的,但是基于多用户共享模式恰恰能够发挥多处理器和大内存的优势。

基于云计算技术的 BIM 系统企业平台,其硬件部分主要包含 4 个部分:工作站、管理服务器、存储服务器和网络。其中,工作站部分主要运行 BIM 设计的应用软件。因此,其对于图卡和 CPU 的要求比较高,考虑到多用户的模式,建议配置 2 个 6 核或 8 核处理器,而处理器的主频应不低于 2.6 GHz,内存应不少于 64 GB。作为企业的 BIM 系统平台,管理服务器的负载一般不会太重。因此,普通的单路处理器,12 GB 内存即可满足要求。存储服务器中存储容量的配置一般根据设计人员的规模进行配置,需充分考虑构建系统的可扩展性以便今后升级扩容。网络也是一个核心组成部分。由于其所有的数据均存放在后端存储,因此一般建议在平台内部以万兆网络构建数据存储和通信网络。

目前,BIM 系统平台中的部分产品支持市场主流的虚拟化技术系统。一般的瘦客户端硬件资源就可以满足 BIM 系统平台在虚拟化 IT 基础架构上的运行。瘦客户端的硬件要求基本等同于或低于个人计算机终端,是服务器集中存储的 IT 基础架构中对个人终端机器的最低要求(入门级配置)。

三、BIM 系统行业平台

随着网络技术的不断发展,Internet 带宽也在不断被刷新。这为基于 Internet 的 BIM 系统行业平台提供了必要保障。作为一个行业平台,除了企业 BIM 系统中作为 BIM 设计资源库配置的工作站、管理服务器、存储服务器和网络等 4 个部分,还将涉及基于 CAE 的建筑性能分析等。

第二节　BIM软件体系

在BIM的应用中,人们已经认识到,没有一种软件是可以覆盖建筑物全生命周期的BIM应用,必须根据不同的应用阶段采用不同的软件。

现在很多软件都标榜自己是BIM软件。严格来说,只有在英国标准学会(British Standards Institution,BSI)获得国际金融公司(International Finance Corporation,IFC)认证的软件才能称得上是BIM软件。这些软件一般具体介绍过BIM技术特点,即操作的可视化、信息的完备性、信息的协调性、信息的互用性。有许多在BIM应用中的主流软件如Revit、MicroStation、ArchiCAD等就属于BIM软件这一类软件[①]。

一、项目前期策划阶段的BIM软件

(一) 数据采集

数据的收集和输入是有关BIM一切工作的开始。目前,国内的数据采集方式基本有人工搭建、3D扫描、激光立体测绘、断层模型等;数据的输入方式基本有人工输入和标准化模块输入等。其中,人工搭建与人工输入的方式在实际工程应用较多,通常有两种形式:一是由设计人员直接完成,其投入成本较低,但效率也较低,且往往存在操作不规范和难以解决的技术问题;二是由公司内部专门的BIM团队来完成,其团队建设、软硬件投入与日常维护成本高,效率也较高,基本不会存在技术难题,工作流程较为规范,但由于设计人员并未直接控制,所以对二者之间的沟通与协作有较高的要求。

(二) 投资估算

在进行成本预算时,预算员通常要先将建筑师的纸质图纸数字化,或将其CAD图纸导入成本预算软件,或者利用其图纸手工算量。

如果使用BIM模型来取代图纸,所需材料的名称、数量和尺寸都可以在模型中直接生成。而且这些信息将始终与设计保持一致。在设计出现变更时,如窗户尺寸缩小,该变更将自动反映到所有相关的施工文档和明细表中,预算员使用的所有材料名称、数量和尺寸也会随之变化。

---

①李一叶.BIM设计软件与制图[M].重庆:重庆大学出版社,2017.

（三）阶段规划

基于 BIM 的进度计划包括了各项工作的最早开始时间、最晚开始时间和本工作持续时间等基本信息，同时明确了各项工作的前后搭接顺序。因此，计划可以弹性安排，伴随着项目的进展，为后期进度计划的调整留有一定接口。利用 BIM 指导进度计划的编制，可以将各参与方集中起来协同工作，充分沟通交流后进行进度计划的编制，对具体的项目进展、人员、资源和工期等布置进行具体安排，并通过可视化的手段对总计划进行验证和调整。

二、设计阶段的 BIM 软件

（一）场地分析

在建筑设计开始阶段，基于场地的分析是影响建筑选址和定位的决定因素。气候、地貌、植被、日照、风向、水流流向和建筑物对环境的影响等自然及环境因素，相关建筑法规、交通系统、公用设施等政策及功能因素，保持地域本土特征与周围地形相匹配等文化因素，都在设计初期深刻影响了设计决策。由于应用 BIM 的流程不同于之前的场地分析流程，BIM 强大的数据收集处理特性提供了对场地更客观科学的分析基础、更有效平衡大量复杂信息的基础和更精确定量导向性计算的基础。

（二）设计方案论证

BIM 方案设计软件的成果可以转换到 BIM 核心建模软件里面进行设计深化，并继续验证满足业主要求的情况。在方案论证阶段，项目投资方可以使用 BIM 来评估设计方案的布局、设备、人体工程、交通、照明、噪声及规范的遵守情况。BIM 甚至可以做到建筑局部的细节推敲，迅速分析设计和施工中可能需要应对的问题。方案论证阶段还可以借助 BIM 提供方便的、低成本的不同解决方案供项目投资方进行选择，通过数据对比和模拟分析，找出不同解决方案的优缺点，帮助项目投资方迅速评估建筑投资方案的成本和时间。

常用于设计方案论证的软件：AIM Workbench、Autodesk Navisworks、DDS-CAD、Onuma System、斯维尔系列。

（三）设计建模

BIM 在设计过程中的建模流程和方法可以归类为 5 种：初步概念 BIM 建模，在初步概念建模阶段，设计者需要对形体和体量进行推敲和研究；可适应性 BIM 建模，在设计初阶段，模型需要有大量的设计意见反馈和修改；表现渲染

BIM 建模,在设计初期阶段,由于对于材料和形态以及业主初步效果的需求,大量的建筑渲染图需要进行不断地生成和修改;施工级别 BIM 建模,设计师可以通过 BIM 技术实现施工级别的建筑建模;综合协作 BIM 建模,在过去,各个不同专业的建模经常会由于图纸或者模型的不配套,或者由于理解误差和修改时间差,造成很多问题和难以避免的损失,沟通不便和设计误差也会造成团队合作的不和谐。

(四)结构分析

在 BIM 平台下,建筑结构分析被整合在模型中。这使建筑师可以得到更准确快捷的结果。对于不同状态的结构分析,可以分为概念结构、深化结构和复杂结构。对于概念结构,建筑师可以运用 BIM 核心建模软件自带的结构模块进行大概的分析与研究,以取得初步设计时所需的结果。针对建筑复杂模型结构,建筑师可以使用参数化分析软件(如 Millipedes 和 Karamba 等软件)进行复杂形体的正对型分析。

(五)能源分析

当下针对建筑室内环境的热舒适性以及节能措施的优化,国内外通常采用单目标的模拟软件计算进行评价,然后提出一些改进的意见。在热工性能方面,目前国内外计算空调负荷和热工舒适性的软件工具更是多种多样。其中,较精确且被广泛运用的有英国苏格兰 Integrated Environmental Solutions Ltd 开发的 IES(VE)等。在节能方面,通常对整体建筑的能耗进行解析评价。最具代表性和被广泛应用的软件当属美国能源部开发的 DOE2、EnergyPlus 等。目前,国际上也有一些软件可以对建筑设计进行多目标优化,如 modeFRONTIER、Optimus、iSIGHT、MATLAB 等。然而,在采用多目标性能算法进行综合优化之前,对每个单一目标的定量评价以及各个单一目标之间折中条件的设定并非一个简单、自动的过程。而且至今还没有一个统一的、优化建筑综合性能的方式。

(六)照明分析

BIM 模型借助其数据库的强大能力,可以完成大量以前不可想象的任务。在 BIM 技术的支持下,照明分析得到大大简化。

与照明分析相关的参数包括几何模型、材质、光源、照明控制以及照明安装功率密度等几个方面。它们基本上都可以直接在 BIM 软件中定义。因此,与能耗分析软件相比,照明分析软件对于建筑信息的需求量也就相对低一些。例如,它往往不需要知道房间的用途、分区以及各种设备的详细信息。

三、施工阶段的 BIM 软件

(一)3D 视图及协调

施工阶段是将建筑设计图纸变为工程实物的生产阶段,建筑产品的交付质量很大程度上取决于该阶段:将基于 BIM 技术的施工 3D 视图可视化应用于工程建设施工领域;在计算机虚拟环境下,对建筑施工过程进行 3D 虚拟分析,以加强对建筑施工过程的事前预测和事中动态管理能力,为改进和优化施工组织设计提供决策依据,从而提升工程建设行业的整体效益;基于 BIM 技术的施工可视化应用在工程建设行业中的引入,能够拓宽项目管理的思路,改善施工管理过程中信息的共享和传递方式,有助于 BIM 实践及其效益发挥,提高工程管理水平和建筑业生产效率。

(二)数字化建造与预制件加工

BIM 系统能将模块可参数化、可自定义化、可识别化,使定制模块建造成为可能。但由于条件的限制,如数字加工材料有限、加工成本昂贵、数字加工工具尺寸限制、大量各不相同的模块等,这必然会增加制造成本和施工难度。尽量以直代曲,将模块调整成单一或者几种尺寸、形状仍然是现在数字化建造的主流。

(三)施工场地规划

传统的施工平面布置图,以 2D 施工图纸传递的信息作为决策依据,并最终以 2D 图纸形式绘出施工平面布置图,不能直观、清晰地展现施工过程中的现场状况。以 2D 的施工图纸及 2D 的施工平面布置图来指导 3D 的建筑建造过程具有先天的不足。在基于 BIM 技术的模型系统中,首先,建立施工项目所在地的所有地上地下已有和拟建建筑物、库房加工厂、管线道路、施工设备和临时设施等实体的 3D 模型;其次,赋予各 3D 实体模型以动态时间属性,实现各对象的实时交互功能,使各对象随时间的动态变化形成 4D 的场地模型;最后,在 4D 场地模型中,修改各实体的位置和造型,使其符合施工项目的实际情况。

(四)施工流程模拟

据统计,全球建筑业普遍存在生产效率低下的问题。其中,30%的施工过程需要返工,60%的劳动力被浪费,10%的损失来自材料的浪费。BIM 模型中集成了材料、场地、机械设备、人员甚至天气情况等诸多信息,并且以天为单位对建筑工程的施工进度进行模拟。4D施工进度模拟可以直观地反映施工的各项工序,方便施工单位协调好各专业的施工顺序,提前组织专业班组进场施工,准备设备、场地和周转材料等。同时,4D施工进度的模拟也具有很强的直观性,即使是非工程技术出身的业主方领导也能快速准确地把握工程进度。

四、运营阶段的BIM软件

BIM参数模型可以为业主提供建设项目中所有系统的信息。在施工阶段作出的修改可以全部同步更新到BIM参数模型中形成最终的BIM竣工模型。该竣工模型作为各种设备管理的数据库,并为系统的维护提供依据。

此外,BIM可同步提供有关建筑使用情况或性能、入住人员与容量、建筑已用时间以及建筑财务方面的信息。同时,BIM可提供数字更新记录,并改善搬迁规划与管理。BIM还促进了标准建筑模型对商业场地条件(例如,零售业等场地,需要在许多不同地点建造相似的建筑)的适应。

第三节 常用的 BIM 核心建模软件简介

BIM 应用软件就是支持 BIM 技术应用的软件。新兴的 BIM 技术在工程项目全生命周期各阶段都有相应的应用软件框架图。虽然图中一些应用软件(设计软件、算量软件等)的命名与传统软件的命名相同,但它们与传统软件存在明显的区别。另外,4D 与 5D 施工进度管理软件以及 BIM 模型服务器软件都是 BIM 技术应用以来新兴的工程应用软件。其中,4D 进度管理软件就是在 BIM 建模员所创建的 3D 几何结构模型基础上,赋予时间信息(例如,箱梁、桩基、桥墩等的具体施工时间段)形成 4D 模型,从而使施工人员更好地掌控施工进度。在 4D 几何模型上添加项目成本信息(如桥墩所用混凝土、钢筋等的单价及总价信息)便形成了 5D 施工进度管理软件。基于 5D 模型,项目经理可以更加全面地管理施工,确保工程项目施工的顺利进行。美国乔治亚技术学院(Georgia Teck College)的伊士特曼教授等将 BIM 应用软件按其功能分为 3 大类,即 BIM 基础类软件、BIM 工具类软件和 BIM 平台软件。实际上可以归为两大类,第一类是 BIM 模型创建类软件,第二类是 BIM 工具类软件[1]。

自 BIM 技术应用以来,很多业内人士(包括学生、设计人员等)对 BIM 的理解存在着一个很大的误区。他们认为 BIM 是一种软件,但事实上 BIM 是一种工程信息化的理念。当下国内绝大多数工程项目需要将这种理念融入其中,以实现项目效益的最大化。BIM 理念的实现需要一系列软件来完成,其中主要的就是核心建模软件。BIM 核心建模软件的英文通常称为"BIM Authoring Software",是 BIM 应用的基础,也是在 BIM 的应用过程中碰到的第一类 BIM 软件,简称"BIM 建模软件"。

一、Autodesk

Revit 系列软件是 Autodesk 公司收购 Revit 程序后在 2002 年发布的。它拥有不同的代码和文件结构,是国内工程领域 BIM 技术应用的一款主流软件,一经推出,便得到了国内科研机构、高校、设计院、施工技术人员等的青睐,并且在国内市场得到了快速的发展与推广。它旗下有建筑、结构、管线综合三大模块。

---

[1] 张人友,王珺. BIM 核心建模软件概述[J]. 工业建筑,2012,42(S1):66-73.

这三大模块覆盖了建筑设计方面所有的专业,可以完全满足土木工程领域或其他一些专业领域的建模需求。但是,Revit 系列软件自身也存在一些缺陷与不足。例如,之前 Revit 系列软件对具有复杂曲面或者曲线的异型构件建模存在很大的局限性。针对这个问题,Autodesk 公司高端技术人才经过二次开发研究与探索,最终也找到了有效的解决方法。就是基于 Revit API,Autodesk 公司开发出了 Dynamo 插件。这个插件完美地弥补了上述缺陷。除此之外,还有一些其他插件,比如快速配筋的插件——速博插件。它解决了 Revit 软件建模时配筋难的问题。综上所述,通过对 Revit 系列软件进行二次开发,逐渐完善了 Revit 系列软件的各项功能。Revit 系列软件操作界面简单明了,用它做出的图纸关联性很强,有效提高了图纸的集中管理。相对于其他软件,Revit 中各种建模工具更易于初学者的掌握与使用。其软件族库非常丰富,对于常规模型的创建非常高效、便捷。

二、Bentley

Bentley 公司的 3D 建模设计软件如 Openbridge Designer、OpenRoads Designer 等是将结构建模工作与标准组件库相结合的 BIM 建模软件。它是针对基础设施领域的全生命周期各个阶段(设计、施工、运营管理等)的无缝集成。在结构设计过程中,不但能让设计师直接使用很多国际地区性业内规范标准进行工作,还能通过简单的自定义或者扩充,以满足实际工程项目中的各种需求。目前,它在一些大型复杂的建筑项目、基础设施和工业项目中应用广泛。但相对于 Revit 系列建模软件,Bentley 系列建模软件操作界面相对复杂,对于初学者来说,更难上手和学习,并且 Bentley 工程对象库较少,大大影响了工程项目的建设效率。在国内 BIM 二次开发领域,Bentley 系列软件的相关二次开发资料很少,其软件也相对昂贵,严重地阻碍了其在国内的推广与应用。

三、Nemetschek

2007 年,Nemetschek 便收购了 Graphisoft,使 Allplan、Archi CAD 以及 Vector works3 款软件划分到统一平台下进行管理。Archi CAD 是一个面向全球市场的产品,也是最早的一个具有市场影响力的 BIM 核心建模软件。创立至今的 30 多年里,ArchiCAD 不断进行更新和换代,完善它的功能和属性:在 4.0 版本中,增加了渲染功能;在 5.0 版本中,增加了景观和地形功能;在 7.0 版本中增加了图纸发布器;在 13.0 版本中,增加了基于网络的协作平台 BIM Server,等等。虽说很多都是细节上的改进,但都聚焦于一个核心:那就是让建筑更快、更舒适。由于 Archi CAD 一致针对多核处理器和64位系统做性能优化,因此其对大型项目模型的处理效率很高,而对硬件的要求相对于其他软件较低。Archi CAD 软件对于 3D 模型的修改比其他 BIM 软件更加方便、快捷。虽然 Archi CAD 优点很多,但是在中国,由于 Archi CAD 专业配套的功能(仅限于建筑专业)与多专业一体的设计体制不匹配,很难实现业务突破,而且在曲面建模方面也没有当下的 Revit 方便。与 Revit 参数化建族相比,Archi CAD 更加复杂,Archi CAD 参数化构件不叫族而叫做对象,使用的是自家开发的参数化编程语言 GDL。虽然它足够简洁,但对于大多数建筑设计人员来说,比起学编程,还是 Revit 参数化建模简单得多。Vector works 是一个美国公司内梅切克的产品,包含 3 个模块,还能够做舞台设计,渲染材质等都比较丰富,但其主要应用于美国国内,在其他国家很少使用。ALLPLAN 的主要市场在德语区,在中国的应用少之又少。

四、Dassault

CATIA 是达索 Dassault 公司的一款 3D 核心建模软件。其在航空、机械制造、精密仪器、车辆等领域应用广泛,具有垄断性的市场地位。相比于传统的核心建模软件,其在复杂形体精细化建模、复杂构件的变现力及管理能力等方面,具有显著的优势。Digital project 是 Gery Technology 公司的专业技术人员以 CATIA 为基础,通过二次开发所形成的一款应用于建筑行业的软件。其实质还是 CATIA,就跟天正实质上是 AutoCAD 一样。Digital Project 可以处理海量的工程数据以及复杂的空间异型构件模型。另外,Digital Project 软件拥有自己的 API 端口,使用者可以通过二次开发,开发出满足自身所需附加功能的插件。虽然 CATIA 和 Digital Project 有诸多优势,但 CATIA 和 Digital Project 软件价格极其昂贵,对电脑的硬件配置要求较高。对于初学者来说,需要花费大量的时间进行入门学习,并且专业人才很少。对于土木工程基建领域,并不能满足其行业特点,因此应用并不广泛。

第三章　BIM实施的规划与控制

第一节　BIM实施的规划与控制概述

管理学科的发展和研究表明,信息技术改变组织特点以至于从总体上改变一个组织是通过实现信息效率(information efficiency,INE)和信息协同(information synergy,INS)的能力来实现的。BIM技术的出现和发展对建设项目的规划实施和交付均产生了巨大影响。随着BIM应用范围的日益广泛和应用的逐渐深入,广义的BIM并不能简单地被理解为一种工具或技术。它体现在了建筑业广泛变革的人类活动中。这种变革既包括了工具技术方面的变革,也包含了生产过程和生产模式的变革[①]。

BIM的应用需要下游参与方及早地进入项目与上游参与方共同对BIM的应用事宜进行规划,如明确BIM要实现的功能、选择BIM工具、定义信息在不同组织之间的流转方式等。工程建设各参与单位之间有很强的依赖性和互补性,一方的工作往往需要其他参与方提供必要的信息。BIM的应用和实施需要工程项目各参与方组织间更加紧密、透明、无错、及时的联系。在基于BIM的生产环境和流程下,信息的可达性和可用性都将极大提高。一方面,BIM作为一种系统创新技术,其应用会对建设项目某一方参与主体的活动方式产生影响,同时也会影响和改变建设项目相关活动间的依赖关系,对建筑业带来的影响和变革具有明显的跨组织性。另一方面,BIM技术的发展和应用也给传统的建筑业带来极大的挑战和困难。要使BIM技术尽快融入工程建设的实践,切实带来效率和效益,对BIM技术的应用和实施进行很好的系统策划十分重要。在国际上一些先进的建筑业企业(包括设计、施工、工程咨询等机构,也包括业主)和大型建设项目实施前,均对BIM的应用和实施进行系统的规划,并在项目实施过程中进行组织和控制。如同大型项目实施前需要建设项目实施规划(计划)一样,

---

①邓大智.BIM在煤矿采掘工程项目管理中应用研究[D].西安:西安科技大学,2014.

制定BIM实施的规划和控制是使建设项目BIM应用实施产生效率和效益的重要工作。

BIM实施规划是指导BIM应用和实施工作的纲领性文件。国际上一些工业发达国家、建筑企业和项目参与各方均十分重视BIM实施规划的编制和控制工作。据不完全统计,在美国,到2013年为止,针对不同行业、项目类型、业主类型以及工程承发包模式等情况下的BIM技术应用实施规划指南或标准已近10种。

BIM实施规划包括企业级BIM实施规划和项目级BIM实施规划。企业级实施规划主要是针对一个建筑企业应用和实施BIM这一创新技术的总体规划和设计,属于企业管理中技术创新和应用计划,涉及一个企业内部,这个企业可以是业主、设计单位、施工单位和咨询单位等;项目级BIM实施规划是针对一个具体工程项目规划和建设中BIM技术的应用计划,涉及一个项目的多个参与方。

应该指出的是,无论是企业级BIM实施规划,还是项目级BIM实施规划,很多规划的工作内容与企业或项目的组织和流程有关。这些与组织流程有关的内容是企业和建设项目组织设计的核心内容。一般宜先讨论和确定企业或建设项目组织设计,待组织方面的决策基本确定后,再着手编制BIM实施规划。大型建筑企业和大型复杂建设项目一般应编制相应的BIM实施规划。

企业级BIM实施规划一般由企业的总经理牵头,企业管理办公室和技术部门具体负责编制,项目级BIM实施规划涉及项目整个建设阶段的工作,属于业主方项目管理的工作范畴,一般由业主方及其委托的工程咨询单位编制。如果采用建设项目总承包的模式,一般由建设项目总承包方编制建设项目管理规划。

第二节　企业级 BIM 实施规划

一、企业级 BIM 实施目标

只有实现企业级的 BIM 实施,才可以建立新的企业业务模式,充分调动企业的一切有利资源,才能充分发挥出建筑信息化的巨大优势,推动我国建筑业的变革和发展。具体来说,企业级 BIM 实施的目标主要有以下 3 个方面[①]。

(一)提高企业团队协作水平

传统企业内部各个部门之间的协作主要体现在业务的进展过程,载体主要以纸质材料为主,模式以人与人之间的沟通为主,协作水平偏低。基于 BIM 的企业部门协作以共同的信息平台为基础,企业中每个成员都可以通过企业数据平台随时与项目、企业保持沟通。基于 BIM 信息共享、一处更改全局更新的特点,企业部门之间的协作变得更加方便和快捷。

(二)提升信息化管理程度

通过对项目执行过程中所产生的与 BIM 相关数据的整理和规范化,企业可以实现数据资源的重复利用,利用企业信息和知识的积累、管理和学习,进而形成以信息化为核心的企业资产管理运营体系,提高企业的核心竞争力。

(三)改善规范化管理

BIM 技术将建筑企业的各项职能系统联系起来,并将建筑所需要的信息统一存储在一定的建筑模型之中,更加规范和具体了企业的管理内容与管理对象,减少因管理对象的不具体、管理过程的不明确造成企业在人力、物力以及时间等资源的浪费,使企业管理层的决策和管理更加高效。

二、企业级 BIM 实施原则

企业 BIM 实施规划作为企业战略的一个子规划,战略规划的编制原则同样适用于 BIM 实施规划的编制过程。

(一)适应环境原则

BIM 实施规划的编制必须基于对 BIM 的发展趋势有清晰的判断,同时对自

---

①黄亚斌. 企业级 BIM 应用实施步骤(一)[J]. 土木建筑工程信息技术,2011,3(2):56-61.

身的优势、劣势有客观的认识,一定要注重企业与其所处的外部环境的互动性。实施规划不能好高骛远、不切实际,而要充分认识到BIM技术的快速发展,不能裹足不前。如果目标制定过低,三五年后就可能会丧失市场机会。

(二)全员参与原则

BIM实施规划的编制绝不仅仅是企业领导和战略管理部门的事,或者是BIM业务部门的事。在实施规划的全过程中,企业全体员工都应参与。规划编制过程中要对企业领导层、职能部门、业务部门和具体实施部门作充分的调研。企业领导层的调研重点集中在是否有统一的趋势判断和发展意愿;职能中心的调研集中在企业的各项资源配置;业务部门的调研集中在市场机会和发展动力;具体实施部门的调研集中在当前业务发展存在的主要问题和困难。

(三)反馈修正原则

BIM实施规划涉及的时间跨度较大,一般在5年以上。规划的实施过程通常分为多个阶段,因此可分步骤地实施整体战略。在规划实施过程中,环境因素可能会发生变化。此时,企业只有不断地跟踪反馈,才能保证规划适应企业的发展。

三、企业级BIM实施标准

企业级BIM实施标准是指企业在建筑生产的各个过程中,基于BIM技术建立的相关资源、业务流程等的定义和规范。参照《设计企业BIM实施标准指南》中BIM实施的过程模型,建筑企业的企业级BIM实施标准可以类似地概括为以下3个方面的子标准。

(一)资源标准

资源只是企业在生产过程中所需的、各种生产要素的集合,主要包括环境资源、人力资源、信息资源、组织资源和资金资源等。

(二)行为标准

企业行为主要是指在企业生产过程中,与企业BIM实施相关的过程组织和控制,主要包括业务流程、业务活动和业务协同3个方面。

(三)模型与数据标准

模型与数据标准主要是指企业在生产活动中进行的一切与BIM模型相关的各类建模标准、数据标准和交付物标准。

四、企业级 BIM 实施方法

企业级 BIM 实施方法是指规划、组织、控制和管理建筑企业 BIM 实施工作的具体内容和过程。企业级 BIM 实施方法综合考虑了 BIM 规划实施中的多种因素,主要包括企业的战略规划、企业生产经营的要求、企业生产发展的约束、企业的组织结构、企业的工作流程以及企业现有的 BIM 应用基础等。企业 BIM 实施方法的核心是要结合企业的战略要求和组织结构,在考虑企业现有 BIM 应用基础的水平上,制定一个全面详细的企业 BIM 规划和标准,并建立一个可扩展的 BIM 实施框架,给出具有可操作性实施路径。目前,企业级 BIM 实施方法主要有自上而下与自下而上两种基本形式。

(一)自上而下

自上而下,顾名思义即从企业整体的层面出发,首先建立立足于企业宏观层面的 BIM 战略和组织规划,通过试点项目的 BIM 应用效果验证企业整体规划的准确性,不断完善,并在此基础上向企业的所有项目推广。

(二)自下而上

目前,多数中小型企业主要采用这种方式。它是指企业自身并没有 BIM 应用规划,而是在项目进展过程中为了满足项目需求而开展的 BIM 实践活动。这种模式是企业在积累了一定量 BIM 实施经验后开展的,其策略是由项目到企业逐步扩散。

BIM 的实施是一个复杂的系统工程,是唯一采用任意一种模式都不能保障企业 BIM 规划的顺利实施的工程。对于企业而言,应该采用两种模式相结合的方式。具体来说,在企业级 BIM 前期,企业应该咨询第三方的 BIM 专业服务机构,结合专业机构对企业状况的评估,提出包括 BIM 实施基本方针路线重点内容、资金投入等要素在内的企业级 BIM 实施规划。

第三节　BIM实施过程中的协调与控制

一、BIM应用的协调人

相对于长期盛行的2DCAD技术而言,BIM作为一种建筑业创新性技术,具有突破性和颠覆性。由于学习曲线效应的存在,现有建筑业各专业的人员并不能很快过渡到BIM环境。因此,围绕BIM技术项目应用诞生了一些新的岗位和角色。因为BIM实施过程中需要多专业、多项目参与方的积极参与,需要不同界面下的协调与控制,所以BIM协调人是建筑业企业和建设项目组织由2D的CAD向BIM技术转变的关键角色之一。

(一)BIM应用协调人角色及职责定位

项目实施阶段的BIM应用需要项目参与方具备BIM专门人才、软件及硬件,使BIM价值得到有效实现。基于项目参与方角色及定位的不同,不同项目参与方的BIM协调人角色和职责不同。通常情况下,项目的承发包模式决定了项目参与方的角色和数量。一般BIM应用协调人主要可以分为业主方BIM协调人、设计方BIM协调人及施工方BIM协调人。业主方BIM协调人通常是BIM应用的总体协调,基于业主团队能力及管控模式,有时业主不设该职位[①]。

1.业主方BIM应用协调人

业主方是项目的总集成者,同时具有契约设计权。业主方是BIM应用的主要推动者。业主方BIM应用协调人应负责执行、指导和协调所有与BIM有关的工作,确保设计模型和施工模型的无缝集成和实施,包括为项目规划、设计、技术管理、施工、运营和总体协调以及在所有和BIM相关的事项上提供权威的建议、帮助和信息,协调和管理其他项目参与方BIM的实施。在项目实践中,业主方项目管理能力及BIM应用能力不同,业主方BIM应用协调人职责定位也会不同。

2.设计方BIM应用协调人

作为设计方BIM工作计划的执行者,项目设计方需要设立设计方BIM应用

---

①沈咏军.论BIM信息技术在建筑施工组织管理中的协调应用[J].吕梁教育学院学报,2018,35(01):71-73.

协调人。其应具备足够年限的BIM实施经验,精通相关BIM程序及协调软件,基于项目BIM实施过程相关问题与项目业主方或施工方进行沟通与协调。

3.施工方BIM协调人

作为施工方BIM工作计划的执行者,总包方应该委派专门的施工方BIM协调人。其应具备一定年限的BIM实施经验,能够满足项目复杂性要求,具备灵活应用BIM软件和帮助发现可施工性问题的能力。

(二)BIM应用协调人能力要求

BIM应用协调人能力由其角色和职责决定。现有研究成果对BIM能力的定义较少,比较系统分析的是澳大利亚纽卡斯尔大学(University of Newcastle)的比拉·苏卡尔(Bilal Succar)教授(2013)在分析个体能力相关文献的基础上,给出了个体BIM能力的综合定义:个体BIM能力指进行BIM活动或完成BIM成果所需的个体特质专业知识和技术能力。这些能力、活动或成果必须能够采用绩效标准测度,且能够通过学习、培训及发展而获取或提升。其中包括BIM软件操作能力、BIM模型生产能力、BIM模型应用能力、BIM应用环境建立能力、BIM项目管理能力和BIM业务集成能力。

二、BIM应用的质量控制

BIM实施过程质量控制对BIM实施效果有很大的影响,因此需要对实施过程进行质量控制。BIM应用过程中,必须结合BIM实施的特点,采用质量控制的方法和程序,才能保证BIM的顺利实施。BIM应用质量控制指使BIM技术应用满足项目需求而采取的一系列有计划的控制活动。BIM的应用不同于传统2D CAD技术的应用,其质量控制最突出的特点是影响因素多,主要包括:①项目BIM技术的应用需求;②项目承发包模式及参建各方的BIM应用过程协作情况;③参建各方对项目BIM应用价值的认知;④参建各方的BIM实施能力;⑤BIM应用实施受项目相关投入的制约。

第四章 矿山建设工程施工组织与管理

矿山建设工程是项目繁多、技术复杂、工期相对较长的综合性建设工程,需要周密的施工组织和工程管理。经过多年的矿山建设工程实践,我国已形成了一套特色明显行之有效的施工组织管理模式,为矿井建设工程高效、安全、按期完成提供了保证[①]。

第一节 施工准备与开工顺序

通常将矿山建设工程分为井巷工程、土建工程和机电安装工程三大类。井巷工程是加快矿山建设和实现安全、高效生产的首要工程。矿山建设工程进度以井巷工程为主,要确保井巷工程的连续不间断施工,土建和机电安装工程应紧密配合。

一、矿山建设工期

矿山建设工程从土地征购办理完毕,矿井场地测量平整修路、施工人员进入现场起,到一个井筒正式开工之日止,为施工准备期。一个井筒(主井或副井)正式开工的条件是:立井要做好锁口,立好井架并安装好天轮平台、卸矸台及凿井吊盘;斜井与平硐,要完成井口(硐口)明槽掘砌。当井筒需要采用特殊施工方法通过表土层或含水岩层时,其相应准备工作也要在施工准备期完成。

从矿井第一个井筒开工之日起,至矿井按设计规定投产时所应完成的矿建工程、土建工程、设备安装工程、管线敷设工程和联合试运转所需要的时间,称为矿井建设投产前施工期,也称为建井施工期。

矿井移交投产,依照我国的现行做法,并不是要求达到设计能力才能移交投产,而是按规定的建设投产标准移交。投产后按设计要求还有部分工程量,

---

①刘洪伟. 矿山工程施工企业项目管理标准化体系建设[J]. 现代矿业,2020,36(02):226-228.

为完成这些工程量的工期,称为投产后达到设计能力的工期,或称投产后工期。

矿山建设工程的总工期是施工准备期和建井施工期之和,有时也把投产后工期计入总工期内。

二、施工准备期的主要工作内容

矿井建设的施工准备期有许多工作要完成。一般将该阶段的主要工作概括为组织准备、技术准备、工程准备。

(一)组织准备

组建工程项目管理机构,可根据实际情况和相关规定要求,组成项目经理部或筹建处,明确工作内容和责任,明确人员职责与分工。目前,矿井建设的组织管理模式为项目业主、监理单位、总承包商(施工单位)三位一体的管理模式。

(二)建设单位技术准备

矿井施工前期的技术准备工作主要有勘查工作、设计准备工作和招标工作等。其中,招标工作的主要内容是:确定标段划分,编制各类招标文件;建设监理招标,井筒工程施工招标,特殊凿井工程施工招标,土建工程施工招标,场外供电、供水、道路工程施工招标,近期使用的设备及大宗材料供应招标,其他招标;签订各种委托合同和承包合同。

(三)建设单位与总承包单位工程准备

工作准备包括测量工作、工业场地平整及障碍物拆除五通工作、生活服务设施、生产服务设施、生产辅助设施井筒特殊施工条件、井口生产设施工程、非标准件加工、材料及设备以及其他准备等。为确保建井工程的顺利开工,施工准备期一般应做好以下几项主要工作。

1.调查研究和收集资料

对矿井初步选定的建井位置的地形、地貌、水文、气候等多方面进行周密调查研究。

2.测量定位

根据矿区的三角测绘网,测定工业广场的测量基点导线和高程;标定井筒中心基桩与十字中线基桩,测定地面建筑物位置及工业广场的范围。

3.打井筒地质检查孔

在距井筒中心10~15 m范围内布置检查孔,提供确切的地质柱状图,井筒涌水量和各含水层的涌水特征及与地表水的相互关系;了解井筒通过的岩土层的物理特性和溶洞、断层破碎带及煤层瓦斯情况。

4.编制施工组织设计

经地质部门和设计单位技术交底后,组织技术人员编制施工组织设计,确定安全施工技术及劳动组织方式。

5.编制施工劳动力需求计划,组织好人员技术培训

按工种举办短期培训班,使上岗工人熟练掌握施工工艺、操作技术、质量标准及安全施工知识。

6.平整工业广场,实现矿井开工需要的"五通"

五通即通水、通电、通交通、通信、通下水道。为了改善施工条件和确保施工安全,矿建施工设施应尽可能利用永久设备和构筑物,减少临时建筑物的建设和施工。

7.落实供应计划,完善相关设施

以施工组织设计和施工图预算为依据,编制材料、设备供应计划,落实供应渠道;完成施工需要的工业设施和必要的生活设施。当井筒采用特殊方法施工时,还需要完成打钻、地面预注浆、冻结、混凝土帷幕等工作以及相关设施的安装和调试。

三、施工场地总平面布置

为了确保矿山建设工程的顺利进行和施工安全,施工场地和施工设施都必须进行合理的规划和设置,应把工业广场内所有要施工的临时与永久建(构)筑物、仓库、运输线路、供电、给排水等都绘制在施工总平面图上。建井主要施工设施的平面布置的注意事项:主井、副井的井棚应单独布置,并应考虑出车及运送材料的方便,在设施上应注意防火,要有防雨、防寒措施;临时变电所应毗邻于电源并尽可能靠近负荷中心,高压线应避开人流线路和空气污染严重地段;临时压风机房应布置在离主、副井差不多远的地方,一般不要超过50 m,距提升机房最好大于20 m,以免噪声大,影响提升司机操作;炸药库应设在工业广场以外干燥的地方,距工业广场建筑物和居民区应保持一定的安全距离;临时油库应布置在边缘角落处,并满足安全防火距离要求;临时排矸场应设在广场边缘的下风向,锅炉房应尽量靠近主要用气、供热用户,布置在厂区和生活区的下风向;混凝土搅拌站应设在井口附近,周围要有较大的、能满足生产要求的砂、石堆放场地,水泥库也须布置在搅拌站附近,并需考虑防潮、防晒、防雨水措施;临时机修车间使用动力和材料较多,应布置在材料场地和动力车间附近,运输要方便,应尽量避开生活区,以减少污染和噪声。

提前利用永久建筑物和设备参与工程建设是矿井建设的一项经验,在条件允许的情况下应尽量考虑,像凿井井架、提升设备、办公及生活设施等,这不仅可以减少临时设施建设费用,提高施工的安全性,而且可缩短建井工期,改善施工条件和生活环境。

四、矿山建设工程的施工顺序

矿山建设是由矿建、土建和机电安装三大工程综合组成的整体施工项目,施工顺序的安排是否合理,关系能否连续施工和按时完成工程。一般以矿建为主,土建和机电安装与矿建有关的工程应根据矿建工程的进度来安排,同时矿建和土建也应为机电安装能按时顺利地开展创造条件,以便满足整个矿井施工的需要。

(一)矿建工程施工顺序

矿建工程以井巷工程为核心,包括井筒、井底车场巷道及硐室、主要石门运输大巷及采区巷道等全部工程。其中的部分工程构成了施工时间延续最长的连锁工程,在总进度计划图表上称之为主要矛盾线。连锁工程的施工顺序决定了矿井建设的施工方案,根据连锁工程的特点和工期要求,矿井建设的施工方案可采用单向掘进或对头掘进。

单向掘进是按顺序施工主要矛盾线上的井巷工程,由井筒向采区单方向掘进,其他工程可根据施工条件和劳动力的情况平行安排。该方案适用于开采深度不大、井巷工程量小以及施工力量不足、工期要求不太紧的中小型矿井。

对头掘进是双向或多向施工主要矛盾线上的井巷工程,井筒开凿与两翼风井平行施工,井筒到底后同时对头掘进井下巷道。该施工方案可及早形成独立完整的通风系统,较大幅度地缩短建井工期,是目前我国大多数矿井采用的施工方案。

(二)井筒施工顺序

矿井施工方案确定后,就必须研究确定井筒的开工顺序。我国多采用主、副井先后开工的施工顺序。主井井筒比副井深,又有箕斗装载硐室,施工所占工期较长,提前开工可以提前改装临时罐笼,加大提升能力,可以缩短主、副井交替装备的工期,副井可直接装备永久提升设备。主、副井错开施工的时间应根据最优网络计划图确定,为 1 ~ 4 个月。主副井与各风井的施工顺序,一般是位于主要矛盾线上的风井井筒尽可能与主、副井同时或稍后开工,以不影响井巷工程总工期为原则。风井工程量较小,一般不安排早于主、副井开工。

主井井筒到底的时间与箕斗装载硐室施工顺序有关。施工经验证明,采用主井先开工、副井后开工的施工顺序,并且主井井筒一次到底、预留箕斗装载硐室,采用平行交叉施工的方案,对于缩短建井总工期比较有利。

(三)井底车场与硐室的施工顺序

井底车场包括许多不同规格和用途的巷道和硐室,需要开拓的工作量很大。其施工顺序的安排应保证主、副井尽快短路贯通及连锁工程项目不断地快速施工。施工顺序一般首先是主、副井短路贯通;然后是主井(或副井)重车道,主要运输石门、运输大巷及采区巷道与风井的巷道贯通。这一组巷道通常为主要矛盾线上的工程,应组织快速施工。

其他巷道工程应优先安排车场环行绕道的贯通,解决施工运输调车的困难;然后安排主、副井空车和重车线的贯通,改善通风条件;最后进行通向中央变电所、水泵房和水仓通道的施工,以便尽早组织这些硐室的施工。

(四)采区巷道的施工安排

应提前施工主副井与风井贯通的采区上山工程。凡工程量大、距井筒远、直接影响建井工期的采区工程应提前安排施工。为了解决通风问题,有高瓦斯矿井的采区开拓,一般应在主、副井与风井贯通并形成负压通风系统后,再开拓采区煤巷。有煤与瓦斯突出危险的矿井,一般应先开岩石巷道,然后开溜煤眼和联络巷,从岩石巷中揭开煤层,排放瓦斯后再进行煤巷施工。由于煤巷地压较大,施工不宜过早,新建矿井多在矿井试运转前才安排施工。

五、井巷工程过渡期施工管理

当井筒掘到井底后,为了及时转入井底车场及主要巷道、硐室的施工,必须对凿井所用的设备和施工组织等进行适当改变。将井筒施工转入井底车场平巷施工的时期,称为井巷工程过渡期。工程实践表明,加速过渡期设备的改装,是保证矿井建设工程顺利接替和缩短建井总工期的关键环节之一。

(一)提升设施的改装

由立井掘进过渡到井底车场及开拓巷道时,提升矸石量、下送材料设备及人员明显增多,需要的提升能力一般为井筒掘进时期的 3 ~ 4 倍。平巷施工要采用矿车运输,一般情况下,要改井筒吊桶提升为罐笼提升,加大提升能力。提升设施改装要保证过渡期短,使井底车场主要巷道能顺利地早日开工;使主副井井筒永久装备的安装和提升设施的改装相互衔接。同时,改装后的提升设备应能保证井底车场及巷道开拓期的全部提升任务。目前,国内提升设施改装常用的方式有两种。

1.先主井,后副井的改装顺序

两个井筒同时到底后,主井改装为临时罐笼;同时,副井向主井掘进短路巷道贯通,副井暂用 V 形矿车通过溜槽向副井吊筒内翻矸。主井改装的临时罐笼能正常运转并可以担负井下施工的提升任务后,副井即进行永久提升设施安装,内容包括:换永久井架(或井塔)、安永久提升机、装备井筒、挂罐笼、试运转等。在副井安装完毕并能担负井下施工任务时,主井再拆去临时罐笼,进行永久提升设备安装。

该改装方案的特点:随着主、副井提升的交替转换,副井吊桶提升为井下施工服务的时间很短,待主井换用临时罐笼后,基本上可以满足井底车场施工的需求。我国多数矿井的施工组织选用此种提升改装方案。为了给主井提前改装临时罐笼创造条件,可安排主井开工时间比副井早 1~4 个月。该方案的不足是主井采用临时罐笼,多了一次改装,而且为了临时罐笼进出车,需要扩大或增加主井巷道。

2.先副井、后主井的改装顺序

在主、副井短路贯通后,首先把副井停下来进行永久提升设备安装,一次完成。在副井安装的这段时间内,井底车场施工的提升任务暂由主井的吊桶提升来维持。待副井安装完毕运转正常后,主井再停下来进行永久提升设备安装。

该种方案最大的不足是吊桶提升为车场施工服务的时间较长,大型设备不容易下放,人员上下也不安全。因此,只有当主井使用两套单吊桶或一套双吊桶,提升能力较大时,才可考虑采用。国内大直径立井通常提升能力大,采用该方案,在井底设临时卸矸台,仍可保证改装期间的提升能力。

(二)通风设施的改装

井底车场施工时期,通风工作的设计和组织对车场工程的安全和顺利实施有着直接影响,尤其是在多个工作面掘进时,这项工作显得尤为重要。主、副井未贯通前,仍然是利用原来凿井时的通风设备进行通风,但需将风筒接长到各掘进工作面。主、副井贯通后,应迅速改装通风设施,使之形成主、副井循环通风系统。通风设施的改装,一般可采用以下方案之一。

拆除主井的风筒,只保留副井的风筒,并将副井的风筒接长,在主、副井贯通的联络巷内修建临时风门。为了克服较大的通风阻力,可考虑把原为主、副井分别通风的两台风机串联使用,并改为抽出式通风系统。这样改装工作很简单,也便于通风管理,但适用于浅井。

将主、副井内原有的风筒分别拆除,然后将主通风机移到井下主、副井贯通的联络巷内,可采用主井进风、副井出风的通风系统。这个方案虽然增加了改装工作量,但过于密闭,能增加有效风量,两个井筒内均无风筒,通风阻力较小,对井筒改装工作也有利;对独头巷道,可以安设局部抽风机辅助通风。这种方案适用于深井条件。

在设计通风系统时,应注意同时串联通风的工作面数最多不超过3个。如果超过3个,各工作面的爆破作业必须按由里到外的顺序进行,人员应同时全部撤出。有时为了改善通风效果,避免多个工作面串风,可采用抽出式通风或增开辅助巷道,尽量避免把风门设置在运输繁忙的巷道内。

(三)排水设施的改装

由立井掘进过渡到井底车场及平巷掘进的排水工作比较简单,主、副井联络巷未贯通前,仍然利用原井筒中的排水吊泵,分别由主、副井水窝往外排水。主、副井贯通后,主井提升设备改装阶段,要拆除主井内的排水吊泵,主井涌水用卧泵排到副井井底,然后共同利用副井吊泵向外排水,涌水量大时改用卧泵排水。

主井临时罐笼提升,副井进行永久装备阶段,可在副井马头门外安设临时卧泵,从副井井底吸水,经敷设在联络巷道和主井井筒中的排水管将水排到地面。这时,井底车场和平巷掘进的涌水都汇集到主、副井底,当涌水量很大时,需要把主副井联络巷扩大一段,作为临时泵房和变电所,同时开凿一个临时小水仓。

在副井永久装备完成,主井进行永久装备时,一般井下中央水泵房和管子道已经完工,因而可以利用永久水仓、水泵房和副井井筒中的永久管道排水。主、副井井底的水用卧泵排到巷道水沟中再流入永久水仓,然后排至地表。

在井底车场施工时,还要解决井下的压风供应、供电、供水等工作。车场施工全面展开后,压风用量迅速增大,远大于两个井筒施工时的用量,而主、副井交替改装后,压风也只能由一趟管路供应,所以在井筒掘进之前选择压风机和压风管路时,应考虑车场巷道施工期间对压气的需要量,选用的压风管道直径要适当。笔者以下以高寒地区某矿区应急污水处理、某矿区排土场周边水处理以及某隧道施工污水排放处理为例,进行有关应用研究。

1. 某矿区应急污水排放处置

(1)工程概况

突发事件造成的水环境污染事件的应急治理水体、水质、水量波动大。以东北某尾矿库泄漏为例,由尾矿库泄漏造成的河道水体污染,污染物种类复杂,且受支干流及降雨影响,水量波动大。根据不同河流地理位置及区域降水特性,水量波动能达到数十倍差异。主要污染物包括颗粒物及悬浮物、油类、重金属、盐类等。

目前,应急治理水体处理工艺主要采用简单的絮凝沉淀方法。但该方法不能应对水质、水量突变的影响,且由于混合搅拌不均,不能保证治理后的出水效果,无法满足应急治理水体处理需求。同时,事故发生时,当地气候正处于刚刚严寒期,平均气温低于-5 ℃,水温低于 5℃,进一步增加了处理难度。

(2)应急处置目标

依据相关政府对周边重要水系的监测数据,同时考虑河水中悬浮物浓度较高,此次应急处置的目标因子为钼、悬浮物。各因子的标准限值如表4-1所示。

应急处置后,河道水质满足《地表水环境质量标准》(GB 3838-2002)的Ⅲ类标准限值要求和集中式生活饮用水地表水源地特定项目标准限值的相关指标要求。

表4-1 应急处置水质指标

标准名称及级(类)别	监测因子及标准值/(mg·L⁻¹)	
《地表水环境质量标准》(GB3838-2002)集中式生活饮用水地表水源地特定项目标准	钼	0.07
《农田灌溉水质标准》(GB5084-2005)	悬浮物	水作≤150 旱作≤200 蔬菜≤100
《污水综合排放标准》(GB8978-1996)一级标准	悬浮物	100

(3)工艺流程

采用"一级在线预处理+二级多介质絮核加载澄清系统强化处理"的技术思

路。采用混凝沉淀+脱钼开展预处理工作,预处理后采用多介质絮核加载澄清系统快速处理装置进行深度处理,以满足悬浮物、COD和钼出水指标要求。

(4)应用效果

通过连续12天的监测,处理后的河水中各目标污染物的浓度得到明显的降低,悬浮物浓度平均低于20 mg/L,化学需氧量浓度低于30 mg/L,钼浓度低于0.04 mg/L,均满足相关标准的要求。

在悬浮物浓度和钼浓度呈现巨大波动,悬浮物浓度达3000 mg/L,钼浓度达0.6 mg/L时,悬浮物和钼浓度依旧处于达标状态。

(5)小结

本应急处置工程的处理效果良好。通过对治理河段采用"一级在线预处理+二级多介质絮核加载澄清系统强化处理"取得了良好的处理效果,经过处理后的河道水中的悬浮物、COD和钼等污染物指标。保证处理后出水满足《地表水环境质量标准》Ⅲ类的相关指标要求和相关悬浮物处理标准限值要求。

2.某矿区排土场周边水排放处理

(1)工程概况

以东北某钼矿矿山为例,随着矿山不断开采,大量固体堆放物被排放,这些露天堆积的矿山废弃物对土壤及地表水、地下水环境造成了影响。并随着时间的变化,固体堆放物含水逐渐达到饱和,便开始将固体堆放物中的含水排出。矿区排土场周边水呈现酸性、重金属浓度低、排放点分散、水质水量时空波动大等特点,以及矿区高寒的极端气候特征。

目前,矿区采取生态拦截等措施,将排土场周边水汇集处理。

(2)设计进出水水质

设计进水水质指标如表4-2所示,主要污染指标为pH、固体悬浮物浓度(Suspended solid,SS)、铜、锌。

根据国家政策及矿区周边水体水质要求,处理后出水满足《污水综合排放标准》(GB 8978—1996)一级标准、《地表水环境质量标准》(GB 3838—2002)三类水标准要求。

表4-2　设计进水水质

水温/℃	pH	SS /(mg·L^{-1})	铜 /(mg·L^{-1})	锌 /(mg·L^{-1})
4~6	3.8	≤ 1000	≤ 10	≤ 10

表4-3　设计出水水质

水温/℃	pH	SS /(mg·L^{-1})	铜 /(mg·L^{-1})	锌 /(mg·L^{-1})
4~6	6~9	≤ 70	≤ 1	≤ 1

（3）工艺流程

排土场周边水呈现酸性废水,采用中和预处理+多介质絮核加载澄清系统。主要包括配药投加系统、中和预处理系统、多介质絮核加载澄清系统、污泥处理处置系统。

排土场周边水先经过预处理系统,进行加碱中和预处理,再通过多介质絮核加载澄清系统进行渣水分离,所产生的污泥现场暂时堆存,定期运至排土场安全处置,出水达标排放,不影响天然水体水质。

（4）应用效果

在排土场周边水处理系统调试完成后,通过对进出水开展连续12天的监测,处理后污水中SS、铜、铅等目标污染物浓度得到明显的降低,pH达到6~9,悬浮物浓度平均低于30 mg/L,铜的浓度低于0.008 mg/L,铅的浓度低于0.08 mg/L,出水水质稳定,目标污染物满足相关标准要求。

（5）小结

本案例排土场周边水处理效果良好。通过对排土场周边水采用"中和预处理+多介质絮核加载澄清系统"取得了良好的处理效果,经过处理后的pH、悬浮物、铜和钼等污染物指标均稳定达标,处理后出水满足《污水综合排放标准》(GB 8978—1996)一级标准、《地表水环境质量标准》(GB 3838—2002)三类水标准要求。

3.某隧道施工污水排放处理

(1)基本情况

隧道施工过程中往往会产生大量的施工污水,包括施工设备产生的污水、注浆过程产生的污水、穿越不良地质时的涌水、爆破后的降尘水、基岩裂隙渗水等。污水主要污染物为颗粒物及悬浮物,偶尔含油类、炸药残余物、少量有机物、盐类等。

笔者以东北高寒地区某隧道施工段为例,该施工路段施工污水年均水温为6 ℃,最低水温低于2 ℃,污水中SS低于200 mg/L,属典型高寒低浊隧道施工污水。

(2)设计进出水水质

原水水质指标如表4-4所示,主要污染指标为pH、浊度、SS和COD。

处理后出水满足《污水综合排放标准》(GB 8978—1996)一级标准、《地表水环境质量标准》(GB 3838—2002)Ⅲ类水标准等标准要求。

表4-4 原水水质

水温/℃	pH	浊度	SS /(mg·L^{-1})	COD /(mg·L^{-1})	石油类 /(mg·L^{-1})
2.6	9.82	26	167	37.6	0.85

(3)工艺流程

将多介质絮核加载澄清系统与施工现场自建污水调节池相结合,定制化制定污水处理工艺流程,污水先后经格栅、调节池和多介质絮核加载澄清系统,所产生污泥经过污泥脱水系统之后进行安全处置,处理后出水达标排放。

(4)应用效果

经污水处理系统后浊度、SS、COD和石油类等目标污染物浓度均大幅度降低,其中浊度的去除率为88%,COD的去除率为86%,石油类去除率为95%,SS的去除率达95%以上。在进水中浊度和SS浓度发生较大波动时,出水水质仍保持稳定达标。

(5)小结

本案例隧道施工污水处理效果良好。通过对隧道施工污水采用"格栅→调节池→多介质絮核加载澄清系统"取得了良好的处理效果,经过处理后的浊度、SS、COD和石油类等目标污染物浓度均满足《污水综合排放标准》(GB 8978—

1996)一级标准及《地表水环境质量标准》(GB 3838—2002)三类水标准。

高寒地区污水处理是净水技术中的难点之一。通过以高寒地区应急污水处理、排土场周边水处理和隧道施工污水处理为对象,进行多介质絮核加载澄清系统在高寒地区污水处理中的应用研究。实践表明,多介质絮核加载澄清系统可以克服高寒地区低温对于污水处理中絮凝沉淀的影响,保持出水稳定。

同时系统在运行上有很大的灵活性和可调节性,能够适应水质水量的变化,可根据项目所在区域的进水水质、排水标准进行工艺单元的调整,实现工艺单元的灵活组合。

第二节 井巷工程施工组织管理

为了加快井巷工程的施工速度,缩短建井工期,除了采用新技术、新设备、新工艺、新方法等技术措施,科学的施工组织和管理方法也是十分重要的因素。

一、立井施工组织管理

根据掘进、砌壁和安装三大工序在时间和空间上的不同安排方式,立井井筒的施工方式可分为掘砌单行作业、掘、砌平行作业和掘、砌混合作业。无论采用何种作业方式,都需要组织好各工序的作业时间,固定各工序之间的衔接和交叉作业方式,形成正规循环作业,这是施工组织规范管理的重点[①]。

(一)施工方式的选择

立井施工方式的选择,不仅影响到井内、井上所需凿井设备的数量,劳动力的多少,而且决定能否最合理地利用立井井筒的有效作业空间和时间,充分发挥各种凿井设备的潜力,获得最优的效果。因此,在组织立井快速施工时,施工方案的选择具有特别重要的意义。目前,立井施工方式的特点和应用条件如下。

掘砌单行作业的最大特点是工序单一、设备简单、管理方便,当井筒涌水量小于30m³/h时,任何工程地质条件均可使用。特别是当井筒深度小于400m时,施工管理技术水平较弱,凿井设备不足,无论井筒的直径是大还是小,应优先考虑采用掘砌单行作业。其中,短段掘、砌单行作业除上述特点外,取消了临时支护,简化了施工工序,节省了临时支护材料,围岩能及时封闭,可改善作业条件,保证了施工安全。另外,它省略了长段单行作业中掘、砌转换时间,减去了集中排水,清理井底落灰以及吊盘、管路反复起落、接拆所消耗的辅助工时。因此,当井筒施工采用单行作业时,应首先考虑采用这种施工方式。

掘、砌平行作业的特点是在有限的井筒空间内,上下立体交叉同时进行掘、砌作业,空间、时间利用率高,成井速度较快。但井上下人员多,施工安全要求高,施工管理较复杂,凿井设备布置难度大。因此,当井筒穿过的基岩深度大于

---

①祁文清. 煤矿井巷工程的现场施工管理[J]. 中小企业管理与科技(上旬刊),2016(02):96.

400 m,井筒净径大于6 m,围岩稳定,井筒涌水量小于20 m³/h,施工装备和施工技术力量较强时,可考虑采用。掘、砌平行作业,主要用于井筒直径较大的深井工程。为了充分发挥掘、砌同时施工,成井速度快的特点,还必须辅以大型机械化配套设备,提高机械化装备水平和生产能力。采用注浆堵水凿井管线井内吊挂等先进技术,否则,平行作业的潜力及优越性难以显示出来。

掘、砌混合作业是在短段掘、砌单行作业的基础上发展而来的。其某些施工特点都与短段单行作业基本相同。它所采用的机械化配套方案也大同小异,不同的是混合作业加大了砌壁模板高度,采用金属整体伸缩式模板,使在进行混凝土浇注达1 m高的时候,可以进行部分装矸排碴工作。待井壁浇注完成后,作业面上的掘进工作又转为单独进行,依此往复循环。

实际施工中,装岩出矸与浇注混凝土部分平行作业,两个工序要配合好。一般采用较高的整体伸缩式活动模板(>3 m),这样才能在模板浇注混凝土到一定高度与掘进装岩实施平行作业。采用这种方式时,井内凿井装备全部集中在吊盘以下15~20 m井段范围之内,且掘砌作业就在距工作面3~5 m范围内完成。这样有利于不同深度的井筒在各种围岩稳定条件下组织施工,因而这种作业方式具有较广泛的适应性。

掘、砌混合作业方式,在重型凿井机械化装备的利用、施工组织管理、施工安全作业以及成井的各项经济技术指标等方面,都优于单行作业和平行作业,是一种具有较强适应性的、有推广前途的施工方式。它不但有利于提高凿井装备的利用率,能达到稳定的快速施工目标,而且从总体上降低立井的施工成本,提高施工效率,改善立井的安全作业条件。这种作业方式目前已成为我国立井施工的主导作业方式。

(二)正规循环作业的实施

正规循环作业是立井快速施工的一种科学管理方法,是取得立井快速、优质等各项凿井指标的重要因素之一。施工组织的重点是编制好施工循环作业图表,按图表要求实施规范化管理。编制立井施工循环图表,应使各辅助工序尽可能与主要工序平行交叉进行,以充分利用作业空间和时间,使循环时间缩短到最低值。通常应首先了解井筒技术特征,考虑井筒穿过岩层的地质和水文地质条件,井筒施工工艺和施工装备以及工人的技术水平和施工习惯等。国内多数建井单位通常采用混合作业方式,以装岩、钻眼为主线来编制循环图表,可按如下具体步骤进行。

根据工期计划要求和具体情况,拟定月掘进进度 L。

根据选用的施工方案,确定每月用于掘进的天数 N。采用平行作业或短段单行作业时,每月掘进可取 30 d;采用长段单行作业时,按比例确定掘进与砌壁的天数,掘进一般占掘砌总工时的 60% ~ 70%;采用混凝土永久支护时取 70%,即月掘进取 21 d。

根据钻眼爆破技术水平,综合选择每天循环数 n 和炮眼深度 L_1。

根据施工队伍的操作技术熟练程度,施工管理及凿井装备的机械化水平等具体条件,进一步确定各工序的时间。

确定循环总时间 T:$T=t_1+t_2+t_3 \leqslant \dfrac{24}{n}$。

式中,t_1 为钻眼时间(h);$t_1=N_1L_1/k_1V$;N_1 为炮眼数目(个);L_1 为炮眼深度(m);k_1 为同时工作的凿岩机台数(台);V 为凿岩机的平均钻眼速度(m/h);t_2 为装岩时间(h),$t_2=\dfrac{SL_1\eta}{k_2P}$;$S$ 为井筒掘进断面(m²);k_2 为同时工作的抓岩机台数(台);P 为抓岩机的平均生产率(m³/h,实体岩石);η 为炮眼利用率,取 0.80 ~ 0.95;t_3 为辅助作业时间(h),占掘进循环时间的 15% ~ 20%。

在采用短段单行作业方式时,总循环时间尚须计入永久支护占用的工时。计算所得的总循环时间 T 应略小于或等于规定的循环时间,否则应从提高操作技术、改进工作组织或适当增加施工设备等方面进行调整。当计算和规定的循环时间甚为悬殊时,就必须重新对日循环数及炮眼深度进行调整。

为了减少辅助工序占用的循环时间,并提高正规循环作业的灵活性,在编制循环图表安排施工顺序时,采用班初装岩、班末爆破的方式较为适宜。这样可以在执行循环图表过程中,根据占工时最长的装岩工作完成的情况,适当调整炮眼深度,确保正规循环的正常进行。作业人员可在班末爆破前提升出井,避免人员多次升降而影响工时利用。班末爆破还可以利用交接班时间加强井筒通风,改善井内作业环境。此外,循环结构中尚留出备用时间,以备不可预见的影响。

目前,我国以大抓岩机和伞形钻架为主的掘进循环时间多为 12 ~ 24 h,循环进尺 2 ~ 4 m,每个循环要跨越若干作业班来完成。以手持式凿岩机和人力操作抓岩机为主的掘进循环时间多为 8 ~ 12 h,循环进尺为 1.5 ~ 2.0 m。在实际施工中,地质条件的变化、某些意外事故的发生或操作技术上的限制往往打乱正规循环作业,一旦遇到这种情况,应积极主动采取适当调整措施,尽快使工作重新进入正规循环。

(三)立井施工劳动组织

立井施工中,目前采用的劳动组织形式有:专业组织、混合组织、专业和混合组织相结合3种。由于凿岩伞形钻架、大型抓岩机等新型凿井设备的出现,要求工人具备熟练的操作技能,在机械化配套的立井施工中多采用专业组织形式。

1.专业组织形式

工人按专业内容分成钻眼爆破班、装岩班支护班等。由于这种形式专业单一,分工清楚,任务明确,因此有利于提高作业人员的操作技术水平和劳动生产率,加快施工速度,缩短循环时间;同时还可按专业工种和设备需要配备劳动力,工时利用较好。但是这种方式存在着各工种的工作量及工作时间不平衡的问题。如果某专业班不能按循环规定的时间作业时,就会出现工作时间过长的现象,给施工组织带来一定的困难。若能保证实现正规循环作业,对于机械化装备水平较高的井筒,采用这种组织方式比较有利。

2.混合组织形式

工人根据工序和时间来确定每班作业内容和工作量。这种形式显然使工人能按规定的班次和时间上下班,人员固定,工作量较平衡。但是要求工人既会操作大型抓岩机,又会使用凿岩钻架和喷射混凝土等作业,需要较多时间的专业技术培训才可能达到。另外,由于各工序所需的人数不同,甚至差异很大,如组织不好,容易产生劳动力使用不合理的现象。因此,这种组织形式目前不宜在立井机械化施工的井筒中推广使用,在使用轻型凿井设备施工的井筒较为合适。

3.专业组织和混合组织形式相结合

这种组织形式的主要特点是将机械化程度高、操作技术复杂的机械,如环形轨道抓岩机、伞形钻架等按专业组织形式分班,其他工序按混合组织形式。这样,重要机械做到专人操作使用,按作业实际需要配备人数,使劳动力得到合理分配。但这种形式,要求组织管理水平比较高,导致只有施工能够做到正规循环作业时,才能体现这种组织形式的优越性。目前,的国内建井单位多数采用该种劳动组织方式。在劳动组织中,合理配备各作业班人数也十分重要。作业人员的多少要根据施工机械化程度、作业方式、工人技术水平以及井筒断面大小等因素来确定。

二、巷道施工组织管理

巷道施工的组织管理与采取的施工方案有很大关系。掘进与支护是巷道施工的主要工序，巷道施工方案有一次成巷和分次成巷两种。

一次成巷是把巷道施工中的掘进、永久支护、水沟掘砌 3 个分部工程视为一个整体，要求在一定距离内，按设计及质量标准要求，互相配合，最大限度地采取同时施工，一次做成巷道，不留收尾工程。实践证明，一次成巷具有作业安全、施工速度快、质量好、节约材料、降低工程成本等优点。煤矿巷道一般都采用一次成巷。

分次成巷是把掘进和永久支护两个分部工程分两次完成，先把整条巷道掘出来，用临时支架维护，以后再拆除临时支架进行永久支护和水沟掘砌。其缺点是成巷速度慢，材料消耗量大，工程成本高。因此，除了工程上的特殊需要，一般不采取分次成巷施工法。

（一）掘进与永久支护施工方式

根据掘进和永久支护两大工序在空间和时间上的相互关系，目前施工组织方式分掘进与支护平行作业、顺序作业（亦称单行作业）和交替作业 3 种。

1.掘进与永久支护平行作业

掘进与永久支护平行作业是指永久支护在掘进工作面之后一定距离处与掘进同时进行。《矿山井巷工程施工及验收规范》中规定，掘进工作面与永久支护间的距离不应大于 40 m。

这种作业方式的难易程度取决于永久支护的类型。例如，永久支护采用金属拱形支架，工艺过程则很简单，永久支护随掘进工作而架设，在爆破之后对支架进行整理和加固。这时的掘进和支护只有时间上的先后，而无距离上的差别。当永久支护为单一喷射混凝土支护时，喷射作业紧跟掘进工作面进行，先喷一层 30 ~ 50 mm 厚的混凝土，作为临时支护控制围岩。随着掘进工作面的推进，在距离 20 ~ 40 m 处再进行二次补喷，至设计厚度为止。该工作与工作面的掘进同时进行。

当永久支护采用锚杆喷射混凝土联合支护时，则锚杆可紧跟掘进工作面安设，喷射混凝土作业可在距工作面一定距离处进行。例如，巷道顶板围岩不太稳定，可以爆破后立即喷射一层 30 ~ 50 mm 厚的混凝土封顶护帮；然后再安设锚杆;最后喷射混凝土和工作面掘进平行作业,直至喷射厚度达设计要求。

这种作业方式由于永久支护不单独占用时间,因而,可提高成巷速度30%左右,实际应用的较多。但这种组织方式同时投入的人力、物力较多,组织工作比较复杂,一般适用于围岩比较稳定及掘进断面大于8 m²的巷道,以免掘砌工作相互干扰,影响成巷速度。

2.掘进与永久支护顺序作业

掘进与永久支护顺序作业是指掘进与支护在时间上按先后顺序施工,即先将巷道掘进一段距离,然后停止掘进,边拆除临时支架,边进行永久支护作业。当围岩稳定时,掘、支间距为20～40 m;若采用锚喷永久支护时,通常有两掘一锚喷和三掘一锚喷两种组织形式。

采取这种作业方式时,永久支护与掘进工作面之间应设临时支护,即先打一部分护顶、护帮锚杆,以保证掘进的安全。锚喷班则按设计要求补齐锚杆并喷到设计厚度。这种作业方式的特点是掘进和支护轮流进行,由一个施工队来完成,因此要求工人技术全面,需要的劳动力少,施工组织比较简单。该作业方式适用于掘进断面较小、巷道围岩不太稳定的情况。

3.掘进与永久支护交替作业

掘进与永久支护交替作业是指在两条或两条以上距离较近的巷道中,由一个施工队分别交替进行掘进和永久支护工作,即将一个掘进队分成掘进和永久支护两个专业小组分别完成各自任务。

(二)巷道施工组织

巷道的施工组织就是要坚持正规循环作业和多工序平行交叉作业,保证各主要工序和辅助工序都按一定的顺序周而复始地进行。

为组织好循环作业,应将循环中各工序的工作持续时间、先后顺序和相互衔接关系,周密地以图表的形式固定下来,使全体施工人员心中有数,一环扣一环地进行操作,这样的图表称为循环图表。正规循环作业是指在掘进、支护工作面上按照作业规程爆破图表和循环图表的规定,在规定的时间内以确定的人力、物力和技术装备完成规定的全部工序和工作量,取得预期的进度,并保证掘进与支护有节奏地周而复始地进行。

编制好循环图表是施工组织设计的重要工作。为确保巷道施工正规循环作业的实现,必须编制切实可行的循环图表。其一般编制步骤如下。

1.确定日工作制度

矿井建设的井下作业多采用"四六"工作制,即每天分为4个工作班,每班工作6 h。最近十几年来,有的矿井根据巷道施工特点和分配制度的改革,实行了按工作量分班的"滚班制",即每个班的工作量是固定的,其工作时间是可变的;何时完成额定工作量则何时交班,不再是按点交接班。班组的考核不再是以工作时间为指标,而是以实际完成的工作量为指标。"滚班制"能调动职工的积极性,但也给管理工作带来了一定难度。它要求正在施工的班组在完成工作量之前的 1 h 就要电话通知工区值班室值班员,再通知下一班职工做好接班准备。目前,大多数矿井仍沿用"三八"制或"四六"制的日常工作制度。

2.确立作业方式

在工作制确定以后,要根据巷道设计断面和地质条件施工任务、施工设备条件和管理水平,进行作业方式的选择,确定巷道施工的作业方式。

3.确定循环方式和循环进度

巷道掘进循环方式可根据具体条件选用单循环(每班一个循环)或多循环(每班两个以上的循环)。每个班完成的循环数应为整数,即一个循环不要跨班完成,否则,不利于工序间的衔接,施工管理也比较困难,难于实现正规循环作业。对于巷道断面大、地质条件差的巷道,也可以实行每日一个循环。

在巷道施工时,每个循环使巷道向前推进的距离称为循环进尺,主要取决于炮眼深度和爆破效率。目前,我国大多数煤矿仍用气腿式凿岩机,炮眼深度一般为 1.5~2.0 m 较为合理。当采用凿岩台车配以高效凿岩机时,多采用 2.0~3.5 m 的中深孔爆破,对提高循环进尺更为有利。总之,炮眼深度确定要合理。因为它决定了巷道的工作量和人员配备。

4.计算循环时间

确定了炮眼深度,也就知道了各主要工序的工作量,然后可根据设备情况工作定额来计算各工序所需要的作业时间。在所需的全部作业时间中,扣除能与其他工序平行作业的时间,便是一个循环所需要的时间 T。即 $T=T_1+T_2+\Phi t_1+T_3+T_4$。

式中,T_1 为安全检查及准备工作时间,亦即交接班时间,一般约为 20 min;T_2 为装岩时间(min);t_1 为钻眼时间(min);Φ 为钻眼工作单行作业系数,与装岩平行作业时取 0.3~0.6,顺序作业时为 1.0;T_3 为装药连线时间(min);T_4 为爆破后通风吹烟时间,一般为 15~20 min。

5.循环图表的编制

根据以上计算,可初步确定循环时间和工作内容,即可编制循环图表。图表的格式和内容有:图表名称在表头,第一栏为各工序名称,按顺序排列;第二栏为各工序工作量或工程量;第三栏为各工序对应的工作时间;第四栏为时间安排横道线,表示各工序的时间延续和工序间的相互关系。

编制好的循环图表是否合理,需在实践中检验,可根据前几个班的应用情况进行合理调整完善,最终形成可实施的正规循环图表,以真正起到指导巷道施工的作用。

(三)巷道施工的劳动组织形式

目前,我国常用的有综合掘进队和专业掘进队两种组织形式。

综合掘进队是将巷道施工中的掘进、支护主要工种以及机电维修、运输、通风、管路等辅助工种都组织在一个掘进队内。其特点是:管理和指挥统一,各工种密切配合协作;在施工中能根据不同工序的需要灵活调配劳力,使工时得到充分利用,提高工作效率。这种组织形式有利于保证正规循环和多工序平行交叉作业的实现,是提高岩巷施工速度的有效组织形式,目前国内巷道施工采用较多。

专业掘进队只有掘进、支护主要工序由专定的班组来完成,辅助工种另设工作队,并服务于若干个专业掘进队。专业掘进队任务单一管理比较简单;但辅助工种的配合不如综合队及时;专业掘进队受辅助工作影响较大,工时利用率低,目前国内已较少采用。

在采用一次成巷施工时,多工序平行交叉作业,工序交替频繁。为使各工种忙而不乱,工作紧张有序,除了有先进的技术装备和合理的劳动组织,还要加强施工管理工作。目前的主要做法是健全和坚持以工种岗位责任制为核心的各项管理制度。

1.工种岗位责任制

工种岗位责任制的特点是任务到组、固定岗位责任到人。按照工作性质,将每个小班的人员划分成若干作业组,如钻眼爆破组、装岩运输组、支护组等。每个小组或个人按照循环图表规定的时间,使用固定的工具或设备,在各自的岗位上保质保量地完成任务。岗位责任制要求形成人员固定、岗位固定、任务固定、设备固定、完成时间固定的制度,可实现人人有专职,责任明确,便于考核和管理,确保实现正规循环。

2.实行技术交底制

施工队的工程,都要有施工组织设计或作业规程,制定针对性强的施工技术安全措施。每项任务开工前要由工程技术人员向掘进队全体施工人员进行技术交底,使每个职工对自己所施工项目的性质、用途、规格质量要求、施工方案、施工设备和安全措施等有比较全面地了解。可在工作面适当位置挂有施工大样图、施工平面图、爆破图表和循环图表,以便现场随时查看,及时指导施工。

3.施工原始资料积累制

施工原始资料积累制要求对施工的工程质量,班组要有自检、互检,掘进队要有旬检,工程处要有月检,做好检查原始记录。特别是对隐蔽工程和实际地层、岩性特征,原始记录要详实。这些资料的收集和积累,都是施工的重要成果和验收工程质量的重要依据。

4.质量负责制

质量负责制就是要把质量标准、施工规范、设计要求落实到班组及个人,并严格执行。要实行工程挂牌制,队长、技术员要全面负责本队的工程质量;建立施工班组自检、互检等质量检查制度;严格按照质量标准进行验收,评定等级;不合格的工程要返修,对质量不负责任的人员要追究责任。

5.工作面交接班制和安全生产制

工作面交接班制要求每班的负责人、各工种以及每个岗位上的职工都要在现场对口交接,并做到交任务、交措施、交设备、交安全,使工作面及时连续作业,充分利用工时。为确保安全生产,要根据作业特点,制订灾害预防计划和安全技术措施,并严格贯彻执行;要定期开展安全教育,建立和健全掘进队的安全组织和正常的安全检查制度;要按规定配齐安全生产工具和职工的劳动保护用品,改善劳动条件。

此外,在国内许多施工单位,还执行有考勤制,设备维修包机制、岗位练兵制和班组经济核算制等,在巷道施工管理中都可以借鉴这些制度。

第三节 矿山建设工程管理

矿山建设的工程管理主要是在项目建设中做好工期、质量、投资三大目标的控制,同时也要做好工程建设期间的安全生产管理与环境保护工作[①]。

一、矿建项目的目标控制原则

矿山建设项目涉及的内容多、工期长,影响项目目标的各种内部、外部因素多且复杂。同时,每一个矿井建设项目又有其自身的特点,包括地质环境、区域环境和建设规模等都各不相同。因此,在矿井建设的过程中,要正确认识和处理三大目标之间的关系,不能顾此失彼,孤立地看问题。无论是编制矿井建设施工组织设计,还是进行施工方案的优化,或是进行施工部署,都要运用对立统一的思想综合考虑、科学管理,要运用科学的方法指导各项工作。

通常,矿建项目的目标控制应坚持的原则:在对矿建项目进行目标规划时,要注意统筹兼顾,合理确定工期、质量、投资三大目标的标准;要针对整个目标系统实施控制,防止发生盲目追求单一目标而冲击或干扰其他目标的现象;以实现项目目标系统作为衡量目标控制效果的标准,应追求目标系统的整体效果,做到各目标互补,综合目标最优;坚持"安全第一,预防为主"的方针和项目建设与环境保护协调发展的原则;坚持主动控制与被动控制相结合,事前、事中控制为主,事后控制为辅。

二、矿建项目实施过程中的工期控制

工期控制是对工程建设项目在各个建设阶段的工作必须按一定的工作程度和持续时间进行规划、实施、检查、调整等一系列活动的总称。工期控制的目的是确保项目按计划时间完成。一般建设项目的工期控制包括:设计及施工准备阶段的进度、项目实施阶段的工程进度和工程竣工验收阶段进度等。

井巷工程实施过程中的工期控制即事中控制,是保证矿建工程工期目标实现的主要工作。要根据项目总进度计划,跟踪检查工程进度的实施情况,并采取相应措施。例如,组织进度协调会等对工程进度进行动态管理,保证工程进度向总计划确定的目标前进。

---

① 杨鹏辉. 基建矿山工程管理与造价控制[J]. 中国高新区,2018(13):231.

(一)井筒施工阶段进度控制的主要内容

主要内容包括安装好井口盘、固定盘和吊盘,凿井设备联合试运行;特殊凿井阶段的协调工作,正规作业循环控制;普通凿井阶段的协调工作,保证正规循环作业;马头门段及箕斗装载硐室段施工;主、副井筒到底后的贯通施工;井筒施工期间遇到异常情况的处理,如大涌水、煤及瓦斯突出等。

(二)井下巷道与设备安装工程施工阶段进度控制的主要内容

组织井巷工程主要矛盾线上的巷道工程施工;主、副井交替装备的施工;井巷、硐室与设备安装交叉作业的施工;采区巷道与采区设备安装交叉作业的施工;按照立体交叉和平行流水作业原则组织井下及地面设施的施工与安装。

三、矿井建设的投资控制

矿建项目的投资控制就是在投资决策阶段、设计阶段项目发包阶段和施工阶段,把矿井建设项目要发生的费用控制在批准的投资限额以内,并随时纠正发生的偏差,以保证项目投资管理目标的实现。本部分简要介绍施工阶段的成本控制。在矿建工程施工阶段,建设监理单位和施工单位要共同对工程项目成本控制负责。施工阶段的成本控制,实际上是三大控制目标的综合体现。

与一般建筑工程相比,矿井建设的周期往往比较长。因此,在签订矿井建设施工承包总价合同时,一般均要考虑调价因素。工程的估算价是由合同价和变更价(可调价项目价格)组成。变更价款的额度取决于施工阶段材料的上涨幅度、施工准备工作的完善程度、设计修改、工程变更、材料代用、隐蔽工程、地质水文条件的变化、工程索赔数额等多种因素。为此,在施工阶段所进行的成本控制,不单纯属于经济工作,还涉及各方面的管理工作。现场管理人员应积极主动地运用科学的方法对项目进行管理,采用技术经济的方法通过及时调控、加强施工方案的优选审查、严格施工工序、优选施工技术、加强质量监督、减少返工损失、保证和加快进度工期等综合措施,达到控制工程施工成本的目标。

四、矿井建设工程的质量控制

矿建工程的质量控制包括矿井建设单位的质量控制、施工单位的质量控制和政府部门的质量控制。在实行监理制的项目中,项目法人单位委托监理工程师实施质量控制,并与政府质量管理部门共同控制工程质量。由于矿山建设项目总体质量的形成具有明显的过程性,影响项目质量的因素又很多,而且项目质量一旦形成,如果达不到要求,那么返工就很困难,有的工程内容甚至无法重来。因此,除设计阶段严把设计质量关外,更重要的质量控制是在施工阶段,必须从投入原材料的质量控制开始,直至竣工验收为止,使工程质量一直处于严格控制之中。

矿山建设实践证明,井巷工程质量的优劣直接关系到煤矿安全生产和经济效益。因此,井巷工程施工中应实行全面质量管理,始终贯彻"百年大计,质量第一"的方针,以井巷工程施工的高质量确保矿山安全生产。为了确保矿山井巷工程质量,在执行《矿山井巷工程施工及验收规范》(GBJ 213—1990)的基础上,原煤炭工业部于1994年颁布了《煤矿井巷工程质量检验评定标准》(MT 5009—1994)。为了便于检查和评定,井巷工程分为分项工程、分部工程和单位工程,质量评定按照分项、分部和单位工程的顺序进行。

井巷工程的单位工程主要有立井井筒、斜井井筒、(和平硐)巷道硐室、通风安全设施和井下铺轨6类。单位工程按各工程的主要部位划分为若干分部工程,如立井井筒工程可分为井颈、井身、壁座、井窝、防治水等;斜井(平硐)井筒工程可分为斜井井口(硐口)、井身(硐身)、连接处(交岔点)、水沟等。分部工程按各施工工序和工种划分为若干分项工程,如掘进开挖、模板、钢筋、混凝土支护锚喷支护等。这就要求井巷工程的施工单位必须按照施工图设计、施工组织设计或施工技术措施来施工,必须明确分项工程质量的具体要求和相应的技术保证措施,使质量管理落实到班组,将质量不合格的工程消灭在施工过程中,从而保证分部工程和单位工程的施工质量。

井巷工程的质量检验评定由分项工程开始,质量不合格的分项工程必须及时处理。分项工程不合格不能进入下道工序,不允许出现质量不合格的分部工程和单位工程。因此,对于井巷工程的技术管理人员和施工人员,必须了解井巷工程的质量验评方法和标准。

(一)分项工程质量验评

1.验评内容

分项工程的质量等级评定分保证项目、基本项目和允许偏差项目。

保证项目是必须达到的规定和要求,是保证工程质量、施工安全和使用功能的重要检验项目。主要内容:作为施工依据的技术性文件或资料必须在施工前准备齐全;建筑材料、构件或预制件的产品性能合格证及试验合格数据;混凝土、喷射混凝土或砂浆的强度检验合格数据等。

基本项目是保证工程质量的主要检验项目,根据工程内容设若干检测点,采用准确量化指标进行检验,对难以采用准确定量的项目,则以某种程度来区分。

允许偏差项目是依据施工条件规定有允许偏差范围的项目,检验时允许有少量检查点中的实测结果略超允许偏差范围,但不影响安全使用,并以其所占比例评价质量优劣。

2.质量等级标准

合格:保证项目必须符合相应质量评定标准的规定;基本项目抽检处(件)应符合相应质量检验评定的合格规定;允许偏差项目抽检的点数中,建筑工程有70%及以上,建筑设备安装工程有80%及以上的实测值在相应质量检验评定标准的允许偏差范围内。

优良:保证项目必须符合相应质量评定标准的规定;基本项目抽检处(件)应符合相应质量检验评定的合格规定,其中有50%及以上的处(件)符合优良规定;允许偏差项目抽检的点数中,有90%及以上的实测值在相应质量检验评定标准的允许偏差范围内。

3.分项工程质量评定组织

分项工程质量评定是在班组自检的基础上,由施工负责人(项目经理)组织有关人员检验评定,专职质量检查员核定。

(二)分部工程质量验评

1.验评内容

分部工程质量评定是依据各分项工程质量评定结果统计汇总而得的。

2.质量等级标准

合格为所含分项工程的质量全部合格;优良为所含分项工程的质量全部合格,其中有50%及以上为优良(建筑设备安装工程中,必须含指定的主要分项工程)。

3.质量评定组织

分部工程质量,由相当于施工队一级的技术负责人组织评定,专职质量检查员核定。

(三)单位工程质量评定

1.验评内容

单位工程质量评定除依据各分部工程质量评定结果统计汇总外,还要考察质量保证资料是否齐全,并对观感质量进行评定。

2.质量等级标准

合格:所含分部工程的质量全部合格,质量保证资料应基本齐全,观感质量的评定得分率应达到70%及以上。

优良:所含分部工程的质量应全部合格,其中有50%及以上优良,建筑工程必须含主体和装饰分部工程,以建筑设备安装工程为主的单位工程,其指定的分部工程必须优良;质量保证资料应基本齐全;观感质量的评定得分率应达到85%及以上。

3.质量评定组织

单位工程质量由施工单位提出申请,建设单位负责组织有关单位检验评定,也可由总承包单位、监理单位负责组织评定,最后由质量监督部门或主管部门认证。单位工程竣工验收进行质量检验评定时,抽查质量检验结果如与分部工程评定结果不一致时,应分析原因,必要时补充抽查点,确定工程最终质量等级。

第四节 矿山建设工程安全管理

矿山建设工程施工过程中,由于施工环境、地质及水文条件的复杂性,重大安全事故时有发生。因此,对矿山建设工程施工企业,必须坚持"安全第一,预防为主"的方针,建立、健全各项安全管理制度,采取有效措施努力改善职工的劳动环境,完善安全保障设施,保证安全施工[①]。做好矿山建设工程的安全管理工作,首先要明确安全管理职责,建立管理制度,落实安全管理的技术措施。

一、安全管理职责

根据《煤矿建设安全规定》,建设单位和施工单位签订的承包合同中,必须明确各自的安全管理责任,对施工企业发生事故进行处理时,同时也要对发生事故的建设单位追究相应责任。

基建公司(工程处)的行政正职对本企业的安全负全面责任,为本企业安全施工的第一责任者,负责建立安全管理合同制和安全规章制度,亲自组织安全大检查和安排重大事故隐患的排除和重大事故的抢救、调查和处理工作。

各级总工程师对本单位的安全技术负责,组织编审和管理安全技术规章制度和技术标准;主持制定工程项目的施工安全技术措施及检查施工过程中的执行情况。

施工单位负责施工的行政副职对分管范围的安全负责,必须遵照施工组织设计和有关安全规章制度、技术标准组织施工,负责处理安全工作的日常事务。

工区主任(项目部经理或队长)为本单位的安全第一责任者,必须依照行业安全规程、技术操作规程施工作业规程和有关安全规章制度组织施工,要深入现场指挥施工,监督检查安全作业情况。

二、安全规章制度

矿山建设工程施工企业必须依据国家和行业的安全法规和技术标准建立健全符合本企业实际的安全规章制度,主要内容有以下5种。

1.建立安全目标管理制度

建立安全目标管理制度,实施安全目标考核和奖罚。

---

① 郝文峰. 矿山工程施工安全管理影响因素及对策分析[J]. 能源与节能,2015(10):39-40.

2.建立安全例会制度

基建公司(工程处)至少每月召开一次安全办公会,工区(队)至少每周一次安全例会,总结分析安全形势,部署安全工作。

3.建立安全检查制度

基建公司至少每季度、工程处至少每月进行一次安全大检查;工区(项目部)至少每半月、施工队每日进行一次安全自检;班组必须坚持上岗前,作业中和下班前的"一班三查"制度。

4.建立值班制度

基建公司(工程处)必须日夜有领导和职能部门负责人值班,工区(项目部)负责人必须跟班,做到安全管理24h不间断。

5.建立职工安全教育培训制度

建立职工安全教育培训制度,让职工经常受到安全意识和安全技术教育。

三、安全技术措施

矿建工程必须严格执行一工程一措施,先报措施后开工的安全技术管理原则,经批准的技术措施必须逐级交底,并履行签字手续。各类施工组织设计中必须包括安全技术措施。若施工方案有重大变化,其施工组织设计必须由原审批单位批准。在试验和推广使用新技术、新工艺新设备和新材料时,必须制定安全措施,报上级批准。

单项工程和单位工程的施工组织设计、作业规程及安全技术措施的管理如下。

由基建公司负责承包的新建矿井工程,施工组织设计由基建公司(工程处)组织施工技术、设计、地质等有关部门进行编制,建设单位派人参加,报上级主管部门审批。

矿建工程的施工组织设计,如立井、平硐、斜井和采用特殊方法施工的井巷单位工程,由工程处总工程师组织编制,报上级主管部门总工程师审批。其他井巷工程的施工组织设计和作业规程,由工区(项目部)主管工程师组织编制,报工程处总工程师审批。

土建工程的施工组织设计,如井塔铁路专用线、选煤厂厂房、大型桥涵等土建单位工程,由工程处总工程师组织编制,报上一级主管部门总工程师审批;其他土建工程的施工组织设计和作业规程,由工区(项目部)主管工程师组织编制,报工程处总工程师审批。

安装工程的施工组织设计,像滚筒直径3 m及以上的永久提升机、多绳轮提升机、直径2.5 m及以上通风机、大型压风机及井筒装备、永久井架35 kV及以上输变电设备、强力带式输送机等大型安装单位工程,由工程处总工程师组织编制,报上一级主管部门总工程师审批,其他永久安装单位工程的施工组织设计和作业规程,由工区(项目部)技术负责人组织编制,报工程处总工程师审批。

作业规程的补充措施和施工现场急需处理的安全技术措施,由施工队技术负责人编制,报工区(项目部)技术负责人审批。

施工组织设计、作业规程和安全技术措施,要执行谁审批谁负责的原则,如建设单位要求更改施工组织设计,其内容有重大原则变动时,要报原审批单位另行批准,建设单位要求更改的其他部分,更改后由建设单位负责。

四、安全管理费用

根据《煤炭建设工程造价费用构成及计算标准》(煤规字〔1995〕第175号)的规定,井巷工程安全技术措施费应列入其他直接费。一般井巷工程的安全技术措施费率以直接费与辅助费为基础,高瓦斯矿井为2.37%,低瓦斯矿井为1.58%。该项费用只限于矿井施工期间为保证井下安全施工所需的安全设备、设施的购置和维修。非国有煤矿的矿建工程项目按建安工作量1%提取安全技术措施费。土建和安装工程按工程造价的0.2%提取。施工企业要建立安全奖励基金,基数不低于工资总额的5‰。

安全基金必须做到单列账户,专款专用,由安监部门编制使用计划并控制使用。安全技术措施费用由总工程师组织通风、安全、技术等部门安排使用。对未提取或未按规定提取安全技术措施费、未按规定使用或挪用,以及因安全装备不全而导致发生事故的,要对主管人员和直接责任人员给予行政处分。

第五章 基于BIM的矿山建设工程施工安全管理

第一节 矿山建设工程安全影响因素的识别与界定

矿山建设工程大部分的施工过程都是在地下开展的,复杂的地质条件加上极端艰难的工作环境更给矿山的安全建设带来了巨大挑战。对此,如若能将影响矿山建设工程的诸多安全因素进行整理归纳,并形成全新的框架结构体系,将对未来矿山建设的指导提供借鉴意义。

一、事故致因理论(accident cause theory)

事故致因理论就是分析事故发生的过程、原因以及寻找预防措施防止事故的发生,在安全科学理论中占据关键位置。

事故致因理论起始于近代资本主义工业化生产,一开始为事故频发倾向论和事故遭遇倾向论;之后,提出海因里希事故因果连锁论,都是从人的角度出发分析事故发生的成因,生成分析报告;第二次世界大战期间,随着各种现代化武器的出现,出现能量意外释放论,探究事故发生的物理性质;20世纪60年代以后,技术日新月异,设施设备更加复杂化,过去的理论很难全面地解释事故发生的本质,因此人们在前人研究的理论基础上,结合现代化设备的特点,又衍生出大量的解释理论。国内在借鉴外国研究成果的基础上,提出了综合论事故模型、危险源理论、事故耦合机理等,丰富了事故致因理论,更加贴合现代化应用水准。虽未能达到尽善尽美的地步,但较之于国外事故致因理论有较大提升。

矿山建设事故发生的原因可以用事故耦合机理进行解释,一次矿山建设工程事故的场景包括引发事件、环节事件以及后果事件,都对应一条事故链。当它们聚集过多,导致更高一级的非线性耦合作用,便会引发事故。这些影响矿山建设安全因素是引发事件的组成部分,经过环节事件这一过程,最终导致安全事故的发生,即后果事件。因此,需要对影响矿山建设的安全因素进行提炼,通过采取措施解决这些影响安全的因素,进而减少矿山建设工程安全事故的发生次数。

二、基于文本挖掘的矿山建设工程安全事故因素识别

(一)文本挖掘概述

1.概念介绍

挖掘法是指利用一些可以进行文本识别的分析工具或软件,从大量模糊的、随机的、有缺陷的、难以辨识的实际文本资料库中,提取出隐含在其中具有预测性或潜在分析价值的信息过程[①]。同时,它又可以理解为从文本数据库里探求具有研究价值的知识,在大量的文本集合中找出隐含的模式。由于矿山建设工程的安全事故报告多且繁杂,仅凭人工筛选会浪费大量的时间、还可能产生错误,借助文本挖掘工具能够辅助提高文本处理的效率。

2.基本流程

文本挖掘基本操作流程比较简单而且容易理解,主要分为信息数据收集与存储、文本预处理、结构化数据、数据分析、数据信息结果可视化、知识获取及利用这六大过程:①信息数据收集与存储这一过程主要面对的就是庞大且类型复杂的数据源,信息冗杂而且泥沙俱下,数据量的大小与后期工作的难度呈负相关性。数据越多,后期所花费的时间就越多,而数据源的选取就显得尤为重要。目前,文本检索的主要来源就是网页、报告、规范标准、图书、文献、事故案例等。同时,面对收集到的数据要统一好数据保存格式,避免因数据不兼容而引起的不必要返工。②在文本预处理阶段,采用阻止(Stemming)、特征表示和特征提取方法。但由于计算机难以识别语义,这就需要人工的辅助,提高文本的使用价值,进而使堆叠无序的数据转化成条理有序的结构化数据。③从优化的文本数据中发现隐藏的价值,并借助现代化信息软件实现结果数据可视化,以达到为主题服务的目的。

3.统一中文文本挖掘模型构建

汉语是一种语义型语言,不像拉丁语那样容易被计算机识别,汉语缺乏狭义的形式,且语法与语义较为灵活。对于计算机这样的固定思维的"大脑",想要能够自由运用汉语言更是难上加难。刘清唐等通过建立教育文本挖掘模型,探索教育教学方面的规律,解释了教育中存在的问题与现象,充分展现了文本挖掘技术的价值方面;谋志群考虑到文本挖掘模型架构的特性,提出统一中文

[①]张胜. 基于BIM的矿山建设工程施工安全管理研究[D]. 徐州:中国矿业大学,2021.

文本挖掘模型(unified Chinese text mining framework,UCTMF)。

4.数据收集工具选取

数据挖掘指的是从众多不规则数据当中,提取出无法预知、但又具有潜在价值的信息过程。如今,计算机技术日新月异,从人工挑拣到数据挖掘,再到大数据挖掘,信息技术等不断升级,减省了大量的人力、时间,提高了资源使用的效率,对文明进步贡献了巨大力量;同时,软件种类纷繁复杂,根据使用的目的以及数据的特征,再通过比较这些软件的优劣,从而确定最终使用的数据挖掘软件。

由于提取数据大部分来源于网站,对于数据收集要求的精度不高,能够获得满足筛选要求的数据即可。因此,综合以上方面考虑,数据挖掘软件选择了八爪鱼采集器这一数据挖掘软件,具有简单、易上手、对编程能力要求不高等特点。

5.文本挖掘软件选取

近年,文本挖掘愈发成为各大企业、高校等领域的基本技能。在大数据时代,数据即金钱,而对这些数据准确提取也更为重要。然而受制于各大开发商出于自身利益的考虑,他们所开发出来的软件也各有侧重点,对于适用的领域也是有所不同。故而在选取软件时,只有充分考虑以上因素,才能在数据分析时真正达到事半功倍的效果。

使用文本挖掘是为了提取矿山建设阶段安全事故的致因因素。在数据研究与分析阶段,自定义词库的功能支持必不可少。同时,在结果输出时,要尽可能涉及词云统计以及社会网络分析等可视化的功能,从而发挥数据的使用价值。ROST CM 是一款免费的软件,由武汉大学团队设计开发。其功能极其丰富,可支持对生活中的一些社交软件有关信息进行分析研究,包括词频统计、聚类分析等一系列功能,还可以生成可视化展示界面。同时,由于笔者所需要进行研究的范围不大,且该软件易操作,故最终采用 ROST CM 作为文本挖掘的工具。

(二)矿山工程安全事故文本挖掘

1.数据收集

数据收集主要针对事故报告进行整理与收集。目前,矿山工程安全事故在相关网站上均可以搜集到,如中国煤炭安全生产网、各省(市、区)煤矿安监局子网站等。本研究的目标对象主要为网站,采用八爪鱼收集器与人工收集相结合的方式,确保搜集资料的充分有效性,共获得事故报告1532份,涉及面广,都来自官方公布数据,具有说服性和代表性。

2.文本数据预处理

(1)遵循的原则

敬畏生命原则:安全生产建设大于天,生命可贵,因此需要提高思想境界,保持科学严谨的态度。筛选数据是为了使其能真正指导施工管理,保障施工人员的安全。

前瞻性原则:以辩证唯物主义为指导思想,确保筛选出的数据要具有代表性,要能实实在在反应该领域内的特点,以供后期决策使用。只有提前预测,做到未雨绸缪,才能提前做好组织保障,安全管理工作才不会被动进行,避免"救火式"管理。

目标导向性原则:要清楚本次数据筛选的服务对象,以及具体要实现的目标结果。数据的选取最好能够充分体现矿山建设各个阶段的特点以及问题事故。

(2)数据清洗、筛选与文本处理

收集到的数据过于庞大,导致质量难免参差不齐,信息价值性与滞后性有待商榷。在清洗阶段,将数据不全的、时间在2005年之前的、不属于矿山工程领域内的进行剔除。本研究整理出Excel表格一份、文本文档一份,共计可用数据203份。

3.文本信息提取

(1)构建专业知识词库

ROST CM软件一开始专注于人文社会科学研究,在矿山工程领域难免会因语料不全、不规范而捉襟见肘。因此,在一开始就要进行语料整理,并进行自定义词库。本次自定义词库主要涉及矿山工程安全管理专业词库、过滤词库以及归并词库3类。其中,矿山工程安全管理专业词库容纳《矿业工程概论》《矿山安全工程学》《项目管理》等通用词汇,过滤词库主要包括《现代汉语虚词词典》和中文停用词,归并词库主要对同义词频进行归一化表达。

(2)语法、语义提取与合并

由于汉语自身语义丰富的特性,机器在识别汉语句时存在巨大困难。不同词语的拼接也会产生相同的意思,例如,大多数矿工没有配备自救器,该矿没有进行瓦斯抽放作业等属于设备保障不充分;持证人员不能满足实际生产工作需求,职工培训不到位等属于安全教育形式化。因此,需要提前对相类似的语句进行语义提取与转换,为文本分析提供可靠的保障。

4.文本知识挖掘

(1)矿山工程事故案例分析

笔者综合所使用的203份数据报告,并对其进行数据分析。根据国家矿山安全监察局出台的文件规范,将事故等级分为特别重大事故、重大事故、较大事故和一般事故4类,本报告共计死亡人数1705人,受伤人数691人。其中,特别重大事故17起,重大事故38起,较大事故28起,一般事故120起。案例事故涉及18个省,2个自治区和一个直辖市。其中,涵盖的事故类型包括水害事故、冒顶事故、违规放炮事故、机电责任事故、瓦斯爆炸事故、重伤事故、瓦斯超限事故、透水事故、运输事故、煤炭与瓦斯突出事故、冲击地压事故、坠罐事故、违规操作事故等,可分为固有安全风险与施工安全风险。其中,固有安全风险包括粉尘、瓦斯、煤层自燃、地下水与隐伏结构;施工安全风险包括物料风险、设备运输风险、人员滑落、坠落风险、钻眼爆破风险、机械伤害风险、冒顶和片帮风险、局部瓦斯聚集风险、电气火灾风险、采空区水害风险。

(2)可视化表达

根据软件操作生成对应文本,将其导入ROST CM软件"可视化"标签下的"标签云"中,选择出现频次为前200的分词生成词云。

通过软件生成的可视化"词云图",可以明显地看见在此次收集的事故报告中,主要围绕安全展开。其中与管理有关的问题最为突出,发生问题最多的部位都是矿下工作面,而技术、地质环境、措施等属于问题发生比较多的原因。像人员意识、教育等存在不足、不够等情况也是发生灾难事故的间接原因,这都对"施工方"和"业主"提出巨大要求。从中还能发现许多影响矿山建设的安全因素,例如,放炮不合理,地质环境复杂,地下瓦斯爆炸和超限等。接着利用社会网络和语义网络分析工具对词语之间的关系进行分析,进一步寻找各安全因素间的关系。

从社会网络与语义分析图中可以发现,安全管理、安全教育、安全意识、安全制度、安全监督等在矿山安全问题中比较关键,管理呈现出混乱状态,人员存在人手不足、培训不充分、意识浅薄等特点,施工过程存在违章、违规作业、指挥失误的情况。由于地质环境复杂并且前期工作技术不足,给后期施工难免会造成一系列安全管理的困难;还存在着制度不完善等情况,一系列事故诱发因素的积累形成事故链,由引发事件形成环节事件,最终产生严重的矿山安全事故,即后果事件。

5.基于致因理论的文本知识总结

本报告对203份矿山安全事故报告案例进行了统计,对影响矿山安全的部分高频次安全因素进行了初始汇总。依据致因理论,并结合词云和社会网络与语义分析探究事故发生的原因及其规律性。依据事故致因的综合原因理论,矿山工程安全事故发生的原因是社会、管理等因素被偶然的事件触发。偶然事件的触发主要是由矿山工程安全事故的直接原因导致的。直接原因包括地质环境复杂、地下施工环境太差、设施设备不完善、管理人员管理无序、指挥不当、施工人员技术水平不够强、保障措施不到位、安全教育未跟上以及现代化技术水平落后等。这些直接原因主要由于管理者责任心缺失、人员安全意识薄弱、监督审核机制过于松散、规章制度制定不完善并且落实效果不大等间接原因引起。因此,从对众多事故报告的研究分析中可知,事故的发生既是偶然事件也是必然事件。透过现象看本质,从表面现象找到深层次原因,可以为之后矿山安全施工提供有效的保障措施,减少类似事故的发生,提高矿山工程建设的安全水平。

(三)基于WBS的矿山建设工程安全因素识别

矿山建设工程主要分为地下工程、地面工程、铁路以及设备4大部分。其中,地下工程是整个项目的核心,也是最难施工的部分。地下工程建设可分为井筒开拓施工、矿井硐室施工、巷道工程施工和采区工作面布置施工4个部分。在大量事故报告的基础之上,结合4个施工部分的具体工艺情况进行分析与整理。影响矿山建设工程的安全因素包括运输类、人为类、工艺类、设备类、环境类和管理类等六大类。

1.井筒开拓施工

井筒自上而下分为井颈、井身和井窝3类,按照井筒用途和装备分类可分为主井、副井和风井。施工方法有表土施工、基岩施工、冻结法凿井技术、立井可变径模板技术、深立井机械化配套施工技术等。其施工工艺基本工序为钻眼、工作面开展通风、装药填充、放炮及巷道支护等。基于数据报告进行因素的分类与归纳,将其分为运输类、人为类、工艺类三大类。

2.矿井硐室施工

矿井硐室主要包括立井井筒硐室、斜井井筒硐室以及井底车场硐室,可存放设施设备、传送数据等,如机修房、炸药库、休息室等,也可作为紧急避险的场所。其施工方法包括全断面施工法、台阶工作面施工法、导硐施工法等。根据事故类别和因素挖掘,可分为人为类与设备类。

3.巷道工程施工

巷道指的是在煤层或岩层内所开凿的一切空硐,也称作井巷,用于采掘工作,分为水平巷道、垂直巷道、倾斜巷道等。其施工方法有撞楔法、超前导硐法和锚喷支护法等。主要施工工艺包括巷道掘进施工(钻眼、爆破和岩石装运)和巷道支护施工(锚喷支护、煤巷锚网支护)。按照事故报告的分析与研究,可将安全因素分为设备类与环境类。

4.采区工作面布置施工

工作面是指开采矿物或岩石的工作地点。该部分主要危险源来自复杂的地质环境。主要施工工艺分为工作面运输顺槽(负责工作面煤炭、材料、设备的运输和安全出口)、工作面回风顺槽(负责回风任务和安全出口)和工作面开切眼(负责煤炭开采和运输)。基于事故报告的分析与研究,可将安全因素分为设备类、环境类和管理类。

三、基于知识图谱的矿山建设工程安全因素识别

在过去,对安全因素的识别往往会选择专家访谈法、头脑风暴法、案例研究法等研究方法,但是这些方法在使用过程中往往存在着过度依靠个人主观判断和实际项目施工经验等情况。这便会因为经验知识不足以及工作量过大、项目的变化等原因导致识别不全、识别错误等情况发生,具有明显的局限性。以文献分析法为基础,结合知识图谱进行科学计量分析,从大量的文献资料研究中找出一些安全信息,具有代表性,弥补传统方法进行因素识别的缺陷。借助知识图谱工具能够减少筛选文献的数量,选出最具有代表性、最具有影响力的一些文献,提高所获得安全因素的可信程度。

(一)知识图谱概述

知识图谱(knowledge grap,KG)是指用于描述知识之间的关系,可以用值对(attribute value pair,AVP)来表示,即实体内部的固定特性。它主要特征包括"图"和"谱",能够更好地组织和管理海量知识,将数据进行可视化显示,是序列化的知识谱系,由知识单元或群体之间进行互动并且衍化出多种复杂关系,进而产生新的知识。2005年,陈超美团队首先在中国将其命名并引入,是科学计

量学的新方法。它的主要分析工作流程分为四步:第一,通过检索数据寻找需要的文献资料,形成相应格式的文件;第二,进行人工、软件等预处理;第三,构建关系矩阵网络、软件规范化处理、生成可视化的数据;第四,通过修正参数调整和优化模型,并进行解读释义。

1.软件介绍

如今,计算机技术发展极为迅速,知识图谱软件的类型也是多种多样。由于知识图谱软件研发机构和研发目的有所差异,对于知识图谱软件的定位与适用性也就有些差别。对目前市场上比较主流的5款知识图谱软件,从开发机构、运行环境、优点与缺点4个方面进行比较分析。

2.数据来源

在中国知网中,设定主题词为"矿山安全因素",时间限定为2010年1月1日—2020年1月1日,文献来源选择科学引文索引(science citation index,SCI)来源期刊、工程索引(engineering index,EI)来源期刊、北大核心、中文社会科学引文索引(chinese social sciences citation index,CSSCI)与中国科学引文数据库(chinese science citation database,CSCD)5类,共得相关文献401篇,剔除与主题无关的文献12篇,共获得可用文献389篇。

(二)基于知识图谱的文献分析

1.作者统计分析

根据普莱斯的平方根定律,在核心作者当中,发表最低文献数量作者发文数 N_{min} 应为发表最高文献数量作者 N_{max} 平方根的0.749倍,即 $N_{min}=0.749\sqrt{N_{max}}$。

近10年,有关矿山安全的合作研究力度不大,贡献量在2篇以内的作者居多。这说明矿山安全领域内相关的研究成果并不是很充分,研究深度有待进一步提高。另外,通过分析矿山安全领域内研究文献发文作者的合作网络可知,作者普遍零散、缺乏合作,但也存在少数合作的团队,从最少2人(如张道君团队、张景岗团队等)到最多4人的团队(胡文军团队)。这说明在矿山安全领域内还是有合作的基础。因此,以后应加强相关领域学术合作,深入交流与沟通。年复一年,该领域的学术研究将会获得新的成就。

2.文献分析

通过Citespace对矿山安全领域389篇相关研究文献的关键词进行共词分析,生成可视化图形。

除了安全,安全管理、地质环境、安全教育培训、安全措施等词出现较多。由此可知近10年,安全一直是关注的要点。为了追求经济效益,不断加强措施保障,进行人员培训等以求获得利益最大化,同时在矿山安全领域,大多数矿山企业和研究人员都比较关注矿井通风安全、对策与技术制定。

四、矿山建设工程安全影响因素的体系构建

本报告从事故报告与文献资料全面地分析了影响矿山建设的不安全因素,使因素寻找更加全面和完整。依据《安全管理学》中的安全管理知识,结合文献资料与安全事故报告相关知识点。其中,人为类可归为人员类安全影响因素,运输类、工艺类、设备类可归为物类安全影响因素,环境类归为环境类安全影响因素,管理类归为管理类安全影响因素。

(一)施工安全人员类影响因素的识别

据统计,有关于人的因素在矿山安全事故中所占比率高达97.67%。根据资料,从中提炼并合并相关语义,结合安全管理知识,将影响矿山建设人员类的安全因素的分为安全习惯、安全行为、安全生理、安全思想、安全心理和安全教育六大类。

1.安全习惯

安全习惯包括习惯性违章、习惯性非标准作业、习惯性地认为不会产生安全问题、习惯性地敷衍检查,没有细致排查、同样的行为在不同的职业有不同的危险。

2.安全行为

安全行为包括违反劳动纪律、工人随便离岗窜岗、紧急避险行为不熟练、违章行为得不到纠正、擅自进入非本人作业的区域。

3.安全生理

安全生理包括年龄太小或年纪太大、受伤却未加及时包扎而诱发感染、带有某些生理缺陷或者疾病工作。

4.安全思想

安全思想包括安全观念不强、不遵守客观规律、自保互保意识差、麻痹大意的思想、对待制度规定不加重视。

5.安全心理

安全心理包括情绪变化,上工时情绪低落、对工资不满而产生不平衡心理、走捷径,图省事抱有侥幸心理、集体融入感不强,工作时缺乏合作。

6.安全教育

安全教育包括无证上岗、技术水平落后、违章违规操作、职工自保技能不强、矿工的职业素质不高、职工的安全培训和教育不到位。

(二)施工安全物类影响因素的识别

在资料中提炼并合并同类语句,得出防护用具问题、道路问题、工具不安全状态、设备不安全状态、物品堆放问题和用火用电安全六大类。

1.防护用具问题

防护用具问题包括习惯性违章、自救用具护具不足、人员穿着化纤衣服入井、自救用具破损老旧发挥不了作用。

2.道路问题

道路问题包括轨道变形,凸起、道路设计不合理、道路未平整,坑洼不平。

3.工具不安全状态

工具不安全状态包括喷雾装置失效、施工照明工具损坏、工具达到使用寿命周期、提进机前照明灯和尾灯损坏。

4.设备不安全状态

设备不安全状态包括设备老化未检修、设施安装位置不合理、矿井监控仪器技术落后、设备使用后未关闭电源、不根据煤矿的特点设计通风系统。

5.物品堆放问题

物品堆放问题包括设施设备堵住安全通道、施工垃圾随意丢弃堆放、被破碎的原煤堆放在井地不加处理。

6.用火用电安全

用火用电安全包括突发停电、灭火工具缺乏、电缆线绝缘皮破损、电气设备超负荷运行。

(三)施工安全环境类影响因素识别

结合有关资料,对涉及环境类的安全因素进行提取与归纳,将其分为周围环境、气候环境、地质环境与作业环境4类。

1.周围环境

周围环境包括地下水、粉尘超标、瓦斯危害、煤层自燃。

2.气候环境

气候环境包括雨天、雨水流涌入地下、当地少见的长时间强降雨连续下渗、雷雨季节使用电雷管进行爆破。

3.地质环境

地质环境包括矿山压力,顶板裂隙导水,顶板冒落、垮塌、断层,陷落柱,冲刷带。

4.作业环境

作业环境包括施工现场交叉作业多、路况不良且噪音大、施工空间窄小环境闷热。

(四)施工安全管理类影响因素的识别

整合资料提取并整合相关的施工安全管理类影响因素,将其分为安全救援、管理协调、规章制度、安全技术、安全监督与安全投入六类。

1.安全救援

安全救援包括救援合同过期却未续签、未按规定组织员工进行应急预案演练。

2.管理协调

管理协调包括技术管理不到位、非法违规组织施工、集团公司管理不到位、基础安全管理不到位。

3.规章制度

规章制度包括奖惩制度、危险地带未悬挂安全指示牌、未严格执行有矿领导带班管理制度。

4.安全技术

安全技术包括违规放炮、施工技术落后、保障措施不足。

5.安全监督

安全监督包括违规组织生产、安全监管不严格、安全检查不够细、对于违规操作未及时制止。

6.安全投入

安全投入包括装备配备不足、安全设施投入不足、平巷未及时开展施工支护。

(五)安全影响因素体系

接下来,本报告对影响矿山工程建设安全因素按照一级、二级、三级构建矿山建设工程安全影响因素体系,并进行相应序列编码。

第二节　基于BIM的矿山建设工程安全影响因素研究

中国在21世纪已经进入信息化新时代,在全面推动信息化建设的大背景下,从企业到政府,顺应时代潮流,不断提高信息化水平以提高竞争力。

一、集成DEMATEL-ISM方法介绍与专家访谈

(一)理论基础

王文和等将决策实验室分析法与解释结构模型相结合,形成集成决策与实验评价实验室—解释结构模型法(decision making and trial evaluation laboratory-interpretative structural modelling,DEMATEL-ISM法,能够完成对复杂社会系统结构进行决策分析。

DEMATEL源于美国学者加比斯(Gabus)和方特拉(Fontela)的构想,通过图论与矩阵理论的形式分析系统因素。以专家学者的知识经验对影响因素进行重要程度判定,构建初始直接影响矩阵,经运算得出各影响因素间的影响度、被影响度、原因度、中心度和因果图,基于以上结论可以进行影响因素间的关系分析与重要性排序。

ISM是由美国学者约翰·沃菲尔德(John Warfield)教授设计,主要针对影响因素众多并且社会关系复杂的系统对象。吸纳专家与学者等的知识与经验,构造邻接矩阵,进行矩阵运算,从而拆分复杂的系统并得出若干子系统。借助计算机,构建多级阶梯形式的结构模型,得出各因素之间的逻辑层次,为接下来的分析提供方向。

在矿山建设工程的安全因素进行评价与分析中,借用DEMATEL的矩阵演算变化,可以得出多个安全因素间的内在关系和因果传递方向;同时,借助ISM构造多级递阶的解释结构模型图,使安全因素之间的关系更加直观简明,最终获得关键影响因素,为BIM应用与安全无识别结单作用分析提供重要参考[①]。

---

①李永利. 矿山建设监理过程中井筒工程质量影响因素识别与分析[J]. 科技视界,2012 (25):236-237.

（二）DEMATEL和ISM的运算步骤

1.明确影响因素

根据第二章所构建的因素体系,共获得22个影响矿山建设工程安全的因素,其编号分别为S101,S102,…,S405,S406。

2.确定因素间的影响关系

采用专家访谈形式对影响因素程度进行打分评定,因素S_i对因素S_j的影响程度采用四级标度法赋值。

3.建立直接影响矩阵

针对获得数据建立初始化直接影响矩阵X,判断影响因素间的相对重要程度,计算公式:

$$X(a_{ij})=\frac{\sum_{i=1,j=1}^{n}b_{ij}}{n}$$

计算规范化直接影响矩阵X',计算公式:

$$X'(a_{ij})=\frac{X}{\max\limits_{1\leqslant I\leqslant n}\sum_{j=1}^{n}a_{ij}}$$

4.建立综合影响矩阵

根据求得的规范化影响矩阵,计算得到综合影响矩阵T。$T=(t_{ij})_{n*n}=X'(E-X')^{-1}$,其中,$E$为单位矩阵。

5.计算影响度与被影响度

将综合影响矩阵T中的每一行元素相加,得到元素i的影响度f_i;将综合影响矩阵T中的每一列元素相加,得到元素i的被影响度e_i;$f_i=\sum_{j=1}^{n}t_{ij}(i=1,2,\cdots,n)$;$e_i=\sum_{j=1}^{n}t_{ji}(i=1,2,\cdots,n)$。

6.计算中心度M与原因度N

影响度f_i和被影响度e_i之和为因素的中心度M_i;影响度f_i和被影响度e_i之差为因素的原因度N_i;$M_i=f_i+e_i(i=1,2,3,\cdots,n)$;$N_i=f_i-e_i(i=1,2,3,\cdots,n)$。

中心度代表因素的重要程度。中心度越高,则影响因素越重要。由正负情况划分原因因素与结果因素。其中,大于零部分为原因因素,表示的是它对其他因素及系统影响大;小于零部分为结果因素,表示的是它容易受到其他因素影响。以中心度、原因度分别划为横、纵坐标,得出因果图。

7.确定整体影响矩阵H

以综合影响矩阵T加上单位矩阵E,之后可以获得整体影响矩阵H,公式如下：$H=T+E=(h_{ij})_{m*n}$，其中，当$i=j$时，$h_{ij}=1$。

8.计算可达矩阵

根据整体影响矩阵H求出可达矩阵K，其中阈值λ的选取考虑实际情况。

$$(i,j=1,2,\cdots,n)，K=[k_{ij}]=\begin{cases}k_{ij}=1,h_{ij}\geq\lambda\\k_{ij}=0,h_{ij}\leq\lambda\end{cases}(i,j=1,2,\cdots,n)。$$

9.层级划分

可达集P为$k_i=1$的列，先行集Q为$k_j=1$所对应的行；验证$P_i=P_i\bigcap Q_i(i=1,2,\cdots,n)$是否成立，当交集$R$与可达集$P$相同时，证明成立，则该因素属于本层级，在可达矩阵$K$中划除第$i$行和第$i$列，最先识别出的层级即为最高层级，以此类推直至所有因素全部划除。

二、集成DEMATEL-ISM法的模型建立与分析

(一)综合影响矩阵的建立

通过访谈记录，获得的因素间影响程度数据并求取平均值(按照四舍五入准则求整)，运用Matlab软件计算获得直接影响矩阵$X=(a_{ij})$。

(二)确定中心度和原因度

依据公式，分别计算影响矿山建设安全因素的影响度、被影响度、中心度、原因度，求出各因素之间的影响程度与因果关系。在此基础上，绘制以中心度为横坐标，以原因度为纵坐标的因果散点图。

(三)多层递阶解释结构模型的建立

根据求得的综合影响矩阵T，结合公式$H=T+E$，得出整体影响矩阵H。

根据整体影响矩阵H计算可达矩阵，利用Matlab编写λ的取值程序，设定λ在[0,0.2]之间取值，并以每次0.001的递增幅度构建可达矩阵并进行层次划分。根据所获得的不同模型，结合层次划分的合理性与最优性以及实际矿山建设项目的实际情况进行判定，在众多模型中选择最合适的一个，此时$\lambda=0.055$。

当$\lambda=0.055$时，获得可达矩阵K，在K矩阵的基础上进行层级划分，最后，根据安全因素间的影响关系与层级关系，绘制矿山建设工程安全因素的多层递阶解释结构模型，利用箭头符号表示因素之间的因果逻辑关系。

（四）基于 DEMATEL-ISM 的模型结果分析

1.安全因素重要程度分析

按照各因素中心度值大小可以获得影响矿山建设工程安全因素的重要程度顺序，位居中心度前三的分别为安全教育、安全思想、安全投入，是特别需要关注的重要因素。在 ISM 模型中，安全教育与安全投入分别位于第九层与第八层，都是基础因素。这说明它们是影响矿山建设工程安全管理的根本因素，同时也是客观因素，更需要加强改善。这样才能保证矿山建设工程的安全开展。在实际项目上，安全投入过少，因追求利益而忽视安全，关于人员的培训教育多流于形式，又或者培训方式落后无法使被培训者产生深刻印象，进而改变安全行为与安全思想等。用火用电安全是最直接的影响因素，被影响度为 1.028，排名第二。可见，该因素极容易受到其他因素影响。此外，安全习惯影响度与被影响度均位居前六，中心度位居第四，在整个影响因素体系中占据重要地位。因此，安全习惯、安全教育、安全思想、用火用电安全、安全投入都应作为安全管理的重点关注对象。

2.原因因素与结果因素分析

原因因素与结果因素包括 22 个因素，其中包括 11 个原因因素与 11 个结果因素。在原因因素中，安全教育、地质环境、安全习惯是位居前三的影响安全的因素，主动性极强，具有极大的负面影响。如果能够解决这些因素，将能够极大改善整个安全管理。地质环境是影响矿山建设工程安全的重要因素，由于矿山建设工程主要部分在地下开展，地质环境不明会严重影响施工人员的生命健康安全和工程的进展，易引发冒顶事故、瓦斯事故等，需要提前引入信息化技术做好安全预防工作。在结果因素中，按照绝对值排序，用火用电安全、安全救援、管理协调位居前三。这些因素极具依赖性，解决它们需要依赖其他因素的解决。安全救援影响度为 0.267，排名第 18，而被影响度为 0.644，排名第八，可见解决其他因素可以更好地解决该因素。比如，恶劣的气候环境会导致救援效率不高，提供足够的防护用具可以达到人员自救的目的，并且能够有效提高人员存活率等。在解释结构模型中可以发现，大多数结果因素位于中上层的位置，通过解决底层或中间层的因素可以达到事半功倍的效果。

3.安全因素关系结构分析

在解释结构模型中，影响矿山安全的因素之间关系复杂，共分为 9 个层级。其中，1、2、3 层因素为直接因素，4、5、6 层因素为间接因素，7、8、9 层因素为基础因素。该图可以直观地发现这些安全因素之间的内在逻辑关联。其中,最顶层(L_1)有用火用电安全、安全救援、管理协调、安全技术这4个因素。在安全管理中,管理人员最容易考虑到的因素。解决这些因素的前提就要解决其他层的部分相关因素。例如,可以通过提高安全投入、提前了解地质环境情况以及气候环境情况等来选择相应等级的安全技术,避免因安全技术过低或与对应建设环境不相适应造成不安全事故。中间层($L_2 \sim L_8$)共包含17个安全因素。其中,安全行为牵涉其他因素最多,也影响其他安全因素。例如,不安全使用工具会造成工具对人的伤害,长时间不安全行为又会导致思想麻痹大意,进而发生事故,而改善安全行为则需要加大监管力度,对其有效约束。在最底层(L_9),结合实际案例,如沁秀公司岳城煤矿"4·27"顶板伤人事故等,都是由安全教育不到位引发的安全事故,并且安全教育影响度、原因度与中心度均位居第一。因此,安全教育是重要关注因素,是做好前期安全预防、减少后期不安全事故发生的有效措施。

根据影响矿山安全建设的因素间重要性与相关性分析,最终选择排名前20的安全因素作为重点解决对象,分别为安全习惯、安全行为、安全思想、安全心理、安全教育、防护用具问题、道路问题、工具不安全状态、设备不安全状态、物品堆放问题、用火用电安全、周围环境、地质环境、作业环境、安全救援、管理协调、规章制度、安全技术、安全监督、安全投入。

三、基于BIM的矿山建设工程安全因素分析

通过对各因素之间内在联系、重要程度和因果传递关系进行分析研究,结合前面整理与归纳的BIM应用点,接下来分别从人员类、物类、环境类和管理类4个方面研究BIM技术在实际安全管理中对这些安全影响因素的作用分析。

(一)BIM对人员类安全因素的影响分析

根据整理的人员类安全因素,共包括安全习惯、安全行为、安全生理、安全思想、安全心理和安全教育等6个因素。根据中心度排序可知,安全教育>安全思想>安全习惯>安全心理>安全行为>安全生理。

在内部作用中,结合解释结构模型可以看出,在人员类因素中,安全教育不足对现场人员的意识、思想、行为习惯等都会产生影响。将BIM引入,利用BIM与虚拟现实(virtual reality,VR)技术可以对提前教育培训直接产生影响,并对其他因素产生间接影响;利用真实情景再现功能提高现场人员对危险的警觉性;

通过预先安全隐患识别,做好安全预警,让安全意识植入内心;利用 BIM+监控技术,实现对现场施工人员不安全行为的监管并责令其改正。

(二)BIM 对物类安全因素的影响分析

影响矿山建设安全的物类因素共包括防护用具问题、设备不安全状态、道路问题、物品堆放问题、工具不安全状态和用火用电安全 6 类。按照中心度排序为用火用电安全>工具不安全状态=设备不安全状态=物品堆放问题>道路问题>防护用具问题,都属于结果因素,依赖其他因素的解决。结合安全因素因果与解释结构模型确定,各因素之间的逻辑关系,再从 BIM 在安全管理的应用点中寻找其可作用的安全影响因素。

在内部作用中,结合解释结构模型,可以看出在物类因素中,各因素之间关联性较弱,需要一一解决。建立 BIM 数字化模型,与 FUZOR 软件结合进行场地布置,对道路合理规划,标出危险地段;通过空间标注,合理规划物品堆放区域,在巷道施工时保障安全通道的顺畅;利用 BIM 管理理念,结合可视化特点,加强现场管控,结合地理信息系统(geographic information system,GIS)定位功能对大型设备进行定位,保障设备使用正常运行;通过隐患识别,预先解决防护用具不足、存放位置等问题。

(三)BIM 对环境类安全因素的影响分析

影响矿山建设安全的环境类因素共包括周围环境、气候环境、地质环境与作业环境 4 类。按照中心度排序为周围环境>作业环境>地质环境>气候环境,结合安全因素因果与解释结构模型确定各因素之间的逻辑关系,再从 BIM 在安全管理的应用点中寻找其可作用的安全影响因素。

在环境类因素中,作业环境容易受到其他因素影响。利用 CATIA、Civil 3D 等软件构建地质模型,并进行规划分析,帮助管理人员预先了解地质情况;在设计阶段,通过构建模型不断优化和调整设计方案,为作业环境提供保障;利用广联达场布软件合理规划作业空间,为施工顺利开展提供技术安全保障。

(四)BIM 对管理类安全因素的影响分析

影响矿山建设安全的环境类因素共包括安全救援、管理协调、规章制度、安全技术、安全监督与安全投入六类。按照中心度排序为安全投入>安全监督>安全技术>安全救援>管理协调>规章制度,结合安全因素因果与解释结构模型确定各因素之间的逻辑关系,再从BIM在安全管理的应用点中寻找其可作用的安全影响因素。

在管理类因素中,安全投入影响其他管理类因素。其中心度排名第三,故而要加大安全投入力度,包括资金、信息化水平等。构建数字化模型与协同平台,可以加强多方合作,共同完善规章制度,保障项目顺利开展,提高安全管理水平;在安全救援时,可以通过构建的地质模型弄清楚发生事故所在地的地质情况,为有效制定救援方案提供参考;在前期通过对整体方案的模拟与决策,选择相适应的安全技术,保障施工过程的安全进行。

第三节　基于 BIM 的矿山建设工程安全管理预案研究

根据影响矿山建设工程的安全因素之间重要性与关联性的情况以及 BIM 技术对影响矿山建设工程的安全因素的作用分析结果,提出基于 BIM 的矿山建设工程安全管理预案,促进 BIM 技术更好地服务于矿山建设工程安全管理。

一、基于 BIM 的矿山建设工程安全管理预案总体框架

根据 BIM 对影响矿山建设工程安全因素的作用分析结果来看,安全教育培训、真实情景再现可归纳为安全教育培训模块;施工场地布置与安全防护、现场安全管理可归属于安全疏散模拟模块;设计方案优化、安全施工决策、多方共同参与、施工行为管理可归属于施工方案模拟模块;地质环境及规划分析可归属于地质情况分析模块;安全隐患识别、施工空间安全检查可归属于重大危险区域识别模块[①]。一项技术的完美应用也需要管理组织形式、规章制度与资金等的投入为其保驾护航,故设立安全管理组织形式、安全制度制定与安全投入三项保障措施。

根据动态安全管理思路,依据矿山建设工程安全有关的信息构建矿山数字化安全信息模型,从安全教育培训、安全疏散模拟、施工方案模拟、地质情况分析与重大危险区域识别五大应用模块出发,以安全管理组织形式、安全制度制定与安全投入为保障,建立矿山建设工程安全管理预案,保障矿山建设项目平稳开展。

(一)预案的基本准则

对于预案的提出也必须有相应的准则,才能确保预案的可行性并且能够提高安全管理的效率。故而在制定方案时,要严格遵守科学真实原则、优化原则与动态适用原则。

1.科学真实原则

在提出预案时,要以矿山建设项目实际情况为依据,结合 BIM 应用于真实的安全管理项目案例,坚持实事求是与真实可靠,科学分析每一模块在管理中

---

①殷瑶.基于 BIM 的建筑施工安全管理研究[D].长沙:中南林业科技大学,2021.

发挥的作用,确保项目依据此预案可以进行指导现场安全管理。

2.优化原则

提出的预案要在可行性的基础上,能够保证比之前的安全管理方案在某些方面具有极大的优越性与进步性。如果提出的预案与现行的方案相比毫无二致,那么这样的预案就不符合优化原则,应当舍弃。

3.动态适用原则

事物的发展都是变化的,项目建设也遵循同样的道理。因此,在项目建设期,要充分收集现场人员、设施设备、周围环境等信息,导入平台,准确把握现场的安全信息,为管理人员进行安全保障有关的决策提供参考。

(二)预案的总体框架

结合文献分析、书本资料与个人实际项目经验,并综合整个矿山建设过程的特点,以有效进行安全管理为目标,在矿山数字化模型的基础上,建立矿山数字化安全信息模型,集合安全教育培训、安全疏散模拟、施工方案模拟、地质情况分析与重大危险区域识别五大应用模块,并以安全管理组织形式、安全制度制定与安全投入为保障,开展BIM的动态、可视化的安全管理。

1.前期信息资料收集

BIM模型的信息资料主要包括设计信息资料与项目安全信息资料两部分。设计信息资料包括前期地质勘察资料、矿区总体布置图、矿井设计图、车场设计图、安全煤柱设计图、巷道设计图与轨道路线设计图等。项目安全信息资料包括安全设施设备详图、安全隐患资料、安全防护装置资料等。这些应该交由BIM专业团队进行汇总整理。

2.信息反馈

BIM专业团队根据获得的资料进行讨论研究,并与业主、设计方与施工方进行互动,提出改善安全管理的建议并不断优化设计方案。同时,制定标准规范为构建模型奠定基础。

3.模型构建

结合资料构建矿山数字化安全信息模型,搭建管理平台,并开放多方接口。在后期施工过程中将现场信息输入平台中,让多方共同协商,BIM团队根据收集到的现场动态信息进行模型优化,为现场安全管理人员提供可视化、集成化的模型,确保精准管理,也为施工方制定安全施工方案提供参考。

4.模型应用

在安全教育培训、安全疏散模拟、施工方案模拟、地质情况分析与重大危险区域识别五大应用模块中,以BIM安全信息模型为核心,开展相关应用,从而提高矿山建设工程的安全管理水平。

5.其他保障措施

为了保障BIM安全信息模型在实际项目建设过程中发挥价值,安全管理组织形式能够有效地对项目进行全局把控,规章制度是管理的核心,安全的投入力度会影响管理的效率,而引入信息技术、现代化管理人才等,能够确保安全风险在事前得到有效控制。

二、基于BIM的矿山数字化安全信息模型构建

(一)模型构建前期准备工作

1.BIM安全管理应用流程介绍

在矿山项目施工过程中,会产生大量的信息。信息反馈的及时性、信息的准确性、人员对信息理解的一致性以及对安全的心理重视程度等都会影响模型数据的可采用程度。因此,只有明确各方的权限、任务,才能够保证系统功能的充分利用,实现施工过程的安全管理。

根据现场施工情况,将与项目有关安全的信息收集好并上传至云端,在系统中收集数据。借助BIM技术实现对工期、资源与台账的分析,辅助进行施工决策;系统根据收集到的信息进行筛选与处理,得出有效的数据以供使用;项目管理人员可以借助监控功能、安全事件追踪功能等更好的管理现场,方便现场安全管理工作;根据实际需要,以模型管理为中心,进行变更、质量、文件、进度与碰撞管理,都能够对现场安全管理起到一定作用,例如,进度管理时,可对任意施工段的工程进度、状态进行实时查询,及时查找安全隐患,采取措施解决,不影响正常施工;BIM团队在原始模型的基础上,根据反馈的信息进行模型重构与安全信息更新等,最后得到一个崭新、有效的BIM安全信息模型;现场安全管理人员根据更新的数据模型与分析报告指导现场施工,提高现场安全管理水平。

2.软件选择

根据《建筑信息模型应用统一标准》(GB/T 51212—2016)所要求的,关于BIM软件的选择要具有专业条件、数据互用功能、满足任务要求、支持专业定制与开发等。目前,关于BIM软件的研发力度不断向着互通有无的方向进展。其

中,市场上最流行的几款建模软件分别为 REVIT、Bentley、Civil 3D 和广联达系列软件。其中,REVIT 凭借参数化模型构建灵活、导入/导出文件格式种类多(DWG/DXF/DNG/ACIS 等)、可视化效果好以及数据输入输出轻量化等特点,一直颇受 BIM 工作者的偏爱;同时,REVIT 还是一个可以记录信息、反馈问题以及设计方案的平台,能够为矿山建设工程安全管理的预案搭建基础,故而选择 RE-VIT 作为本次模型构建的核心软件。

3. 模型精度要求

为了满足向业主交付、方便跨专业、跨生命周期的沟通与协同作业,美国综合营造公会提出建筑系统的检出限(limit of dtection,LOD)定义,总共分为 6 个等级,分别为 LOD_{100}、LOD_{200}、LOD_{300}、LOD_{350}、LOD_{400}、LOD_{500}。在实际 BIM 应用中,协同合作需要彼此双方加强沟通与信息交流。这就要理清楚各方的需求与想法,并展现在模型上,使模型的利用更加充分,才能有利于团队的协作共赢,达到事半功倍的效果。

4. 安全信息集成方式

矿山施工与生产现场防护工作种类繁多,包括脚手架安全防护、洞口和临边防护、安全网防护、垂直运输防护、烟囱与水塔安全防护以及设备与管道安全防护。设备样式也是五花八门,包括输送设备、提升设备、通风设备、排水设备、空压设备、灭火设备、瓦斯矿尘防治设备以及安全救护设备。对这些设施设备需要进行定期开展检查、保养、记录、评分等工作。这一系列的信息都需要记录在模型当中,以辅助现场安全管理人员管理现场安全工作。

REVIT 软件提供了属性与链接两种集成安全信息的方式。前者以参数化形式将信息输入 BIM 模型当中,后者指用链接的形式将信息附着于模型当中。《煤矿安全质量标准化 2020 版》中明确设施设备以及管理组织等相关方面的具体评分细节,以井架为例,阐述在软件中如何对该设备的安全检查进行评分:①采用共享参数方式赋予井架"安全检查评分"属性,包括安全检查评分、头部和安全检查评分、立架和安全检查评分、斜架和安全检查评分、井口支撑梁和安全检查评分、斜架基础 5 个评分部分,"规程"选择"公共","参数类型"选择"整数";②在共享参数创建的基础上,将共享参数添加至项目参数当中,为类型属性,参数分组方式为"模型属性",类别为"常规模型",方便评分与信息交流;③对于存在问题的部位可以将问题的照片以链接的形式添加至"管理图像"内,方便后期人员根据反馈结果进行维修与更改;④在"明细表"功能中可以获得每项检查部分的评分情况、总得分与图像汇总数,方便管理人员进行后期汇总与现场监管。

(二)安全防护设施设备模型构建

对矿山建设项目现场进行安全管理离不开安全设施设备辅助,如井口防护、洞口防护以及休息平台口的防护等,是保障现场工作人员生命安全的重要手段,在BIM模型中必须有所体现。除了软件自带的族,便没有其他的可用族。对于矿山项目上防护设备的构建包括两种方式:一是利用"族"功能按照施工图纸的要求进行绘制;二是在现有族的基础上,进行二次修改,如变更参数命令。其中,本次构建安全防护设施设备模型选用"族"功能进行绘制,主要过程:选择合适的族样本文件→设置族类别、修改族参数→载入嵌套族等→对族需要变化的部分进行参数创建→生成实体模型→对模型添加参数属性→修改材质、长宽、厚度等使其符合实际情况。

(三)巷道井筒硐室模型构建

1.巷道模型构建

巷道是井下生产与作业的重要动脉,巷道前期的建设关系后期生产的安全与收益。我国煤矿井下巷道的断面形状根据轮廓线的构造可分为折线形与曲线形。巷道断面的选择受到巷道所处位置、附近地压、巷道用途、巷道支护的材料、巷道的掘进方式以及掘进设施设备种类等因素的影响。对于巷道断面的设计,要求满足安全与使用需求,充分利用好断面、降低造价、便于快速开展施工。

在巷道施工时,要充分考虑巷道内的管线布置、人员通行、外部地压以及支护强度等因素,从而保障施工安全开展,也为之后矿山生产做好安全保障。巷道管线布置既要安全,又要方便检修。此处巷道属于拱形巷道,四周由锚杆组成,内部包含可供运煤车行驶的铁轨等。

2.井筒模型构建

井筒施工就像是矿井的咽喉一般。一般是由上往下独头开凿,对施工水平要求比较高。在通过不稳定岩层时,施工难度更大。据统计,井筒施工占矿井井巷施工量的3.02%～8.6%,施工工期却为建井总工期的18%～55.3%。矿井井筒施工、作业空间很窄、吊挂设备过多,易造成极大的安全隐患,施工组织工作复杂化,需要事前制定好工作方案,把施工风险控制到最小。立井的施工一般需要安设五层"盘、台",包括天轮平台、卸矸台、固定盘、封口盘和吊盘。对于一般稳定的表土层中,安设好锁口之后,用井筒中心基桩标定好井筒中心位置,进行破土开工,修筑钢结构临时锁口;以金属标准凿井井架负责提升,采用人工挖掘方式开展表土挖掘并及时架设临时井圈支架,随后以混凝土或钢筋混凝土砌筑井壁。

3.硐室模型构建

硐室指的是地下的某处巷道,具有保护施工人员、设备设施安全的作用,包括绞车房、变电所、煤仓等。其中,避难硐室是其中最重要的一种类型,分为躲避硐、避难硐室、压风自救硐室3种。然而,对于煤矿井下避难硐室系统而言,它是依附于生产系统、相对独立的系统,包括可移动式救生舱、永久避难硐室、临时避难硐室等。同时,相关文件也对避难硐室性能参数、结构组成、工作原理、操作规程、保养维修等方面内容进行了说明,为矿山硐室施工提供了指导性作用。

4.模型协同

通过数字化模型展示可以清楚地了解井筒内部构造,对现场数据进行收集与上传,实现模型实时更新,并上传至BIM5D平台实现多方共享。各方管理人员可以通过在线研究讨论,制定施工方案,针对BIM安全信息模型的分析与反馈,指导现场安全施工。现场施工人员根据研究出来的讨论方案进行实际操作,避免在现场施工时,因无法预先识别出存在的安全风险而造成严重的安全事故。这对安全施工、保护现场人员生命安全都有很大意义。

三、基于BIM的矿山建设工程安全管理应用模块

(一)基于BIM的安全教育培训

引发安全事故的主要原因包括人的不规范行为、安全意识淡薄和对安全的漠视心理等因素。安全教育的中心度排名第一,在解释结构模型中也是属于最底层因素,对其他因素具有牵动性,是需要解决的关键要素。安全教育培训贯穿整个建设过程,一旦进入施工现场作业就应做好相关培训。然而,在实际矿山建设项目中,管理人员与施工人员都只是简单地通过书本或者观看视频来提高安全意识,在实际施工过程中往往无法真正有效地提高人员的安全意识或者改变施工过程中的安全行为。

通过虚拟现实(virtual reality,VR)技术实现施工场景虚拟漫游,在施工前预先了解巷道、井筒等安全施工过程以及在危险区域应当注意的施工要点,提高

施工人员安全思想,强化安全心理,避免不安全行为的出现;此外,通过让操作机器人员预先了解设备使用情况,提高熟练度,减少不安全操作;通过沉浸式体验,让施工人员感受到因不安全用火、用电而产生的严重后果,从而提高他们的安全思想意识;通过可视化、亲临式学习安全知识,了解安全隐患,例如,因浮石处理操作不当而引起的冒顶事故,透水事故等,从而提高施工人员思想的警觉性。通过一系列虚拟现实学习,弥补了传统安全教育在时间、空间上的不足。

(二)基于 BIM 的安全疏散模拟

当地下施工区域发生冒顶、水害等事故时,现场人员需要快速撤离当前区域才能保住生命。这就需要一条比较捷径的路线。因此,在施工方案确定时,施工人员就要计算出从每个危险区域撤离到安全区域的路线。基于 BIM 的 Pathfinder 应急疏散模拟软件可以发挥这样的作用,通过设置 Agent 的参数与行为模式,得出所处逃生环境与参数之间的影响情况,生成独立的逃生时间与最佳逃生路线,实现真实的模拟仿真。它的运动模式分为 SFPE、Steering 模式,可以根据实际现场情况进行模式选择。

安全救援是最顶层安全因素,是直接影响矿山建设工程安全管理的因素之一。因此,基于 BIM 数字化模型设计的逃生路线,为安全救援预留大量时间,确保矿山建设更加安全,保障施工人员生命健康安全。预先逃生方案的路线设计有效地实现了整个安全管理过程的计划控制,并且 BIM 与 Pathfinder 应急疏散模拟软件的结合能够提高安全管理的效益。

(三)基于 BIM 的施工方案模拟

从施工场地布置到施工工艺选用再到施工空间规划等,不同的施工方案将会对施工安全产生不同的影响,需要提前进行方案设计。矿山建设项目在空间上分为地面工程与地下工程,两者是紧密联系的,需要共同设计。矿区地面包括生产企业、辅助与附属企业、居住区等,设计时要综合考虑地形、地貌、地质条件与井田划分、井田开拓、外部运输方式等因素;矿下工程主要考虑矿井设计、车场设计、安全煤柱设计、巷道设计以及轨道线路设计。预先进行施工模拟,尤其是地下工程,确定施工线路、施工工艺等将会大大提高后期的安全管理效率。在场地布置上,广联达 BIM 施工现场布置软件能够真实地再现现场施工环境,具有多重接口,可以有效地辅助施工管理人员进行施工方案模拟;利用 Navisworks 软件可以对施工安全信息模型进行管线碰撞检查,可以有效地对各项系统预先排查。

系列预先的施工模拟,例如,通过事前的方案模拟,做好安全技术的选择,做好道路规划,预先避免因道路问题而产生的安全事故;规划好安全避难场所、对电梯等设施设备进行合理布置等,将极大降低安全事故的发生概率,降低安全成本,同时也将有利于把控施工进度、控制施工质量等要素。

(四)基于 BIM 的地质情况分析

地质环境对矿山建设的安全管理具有重大影响,地质情况不明、地质构造复杂等都会引发一系列安全事故。尤其在断层交界处,如果支护不够,将会产生冒顶事故。并且根据解释结构模型可知,地质环境也影响着作业环境,对矿山地质环境的分析将会极大提高安全管理水平。利用 AutoCAD、Civil 3D 软件或者理正勘察 3D 地质软件等都可以实现地质模型构建与信息分析,实现地质模型可视化分析,通过不同的信息标注区分不同的地质形态,为施工方案选择、人员救援、作业面分析等提供依据。

相比传统的平面图分析,通过构建 3D 地质模型、进行 3D 可视化展示,可以清楚地了解煤层、岩层等走向或者断层交界处的情况,为指导现场施工提供充分信息保障。同时,可视化、可操作的 3D 立体模型将有利于施工方案的研讨,在事前预先控制因地质不明而产生的安全问题,做好预防措施,也方便救援人员采取安全救援措施,极大地提高项目建设的安全等级。

(五)基于 BIM 的重大危险区域识别

地下环境、危险区域等情况不明将会严重影响管理人员对危险的判断分析,不利于提高施工人员的安全意识。例如,在瓦斯聚集地方因不当操作产生火星,可能会引发瓦斯爆炸事故等。如果能够在事前弄清楚危险区域的具体位置及相关信息,施工人员便能够做好有意识的防护,避免因不当操作而引起危险的发生,能够让管理人员对某些行为做好重点监督。因此,借助 REVIT 的颜色标注与信息集成功能,在 BIM 安全信息模型上进行操作,可以实现重大危险区域预先把控。

在不同的施工阶段具有不同的危险类别。在 BIM 数字化模型的基础上结合相关资料,利用模型可视化的特点,对所有区域按照危险程度进行划分管理,以红、橙、黄、绿 4 种颜色评价影响程度和划分影响区域,并反馈到模型中;同时,将相关信息以链接形式附着在模型上,标注好相应的施工规定以及注意事项等,有效地减少由危险区域不明确导致的安全事故,同时也将有利于减少因为不安全行为出现、安全思想淡薄、安全心理放松、作业环境不明与安全监督不力等因素而产生的安全事故。结合FUZOR的监控功能,在危险区域合理布置监控设备,加大危险区域监管力度。

四、基于BIM的矿山建设工程安全管理其他保障措施

(一)安全管理的组织形式

BIM技术作为一项比较新的力量被引入矿山建设的安全管理过程中,解决了传统的安全管理模式存在简单化、形式化问题。对于安全隐患众多的矿山建设工程来说,传统的管理模式显得捉襟见肘。这就需要一套完整、相适应的组织形式与其匹配,才能发挥其作用。矿山项目的建设具有临时性特征,在总体项目管理组织形式推荐矩阵式组织结构。

基于BIM的安全管理组织形式以矿长为主要责任人。安全副矿长与总工程师主管安全相关事宜并对矿长负责。底下成立安全管理小组,与BIM咨询团队协同工作,对安全副矿长与总工程师负责。同时,BIM咨询团队要承担起收集现场施工中的变化数据,将各种与安全有关的信息载入模型中,上传至平台,以供管理人员指导安全施工使用,形成循环反馈机制。安全管理小组根据更新的安全信息管理施工班组,调整施工方案,为井下施工与井上施工提供安全建议,保障项目安全开展。

(二)安全制度的制定

在矿山工程建设的过程中,要坚持贯彻安全责任观。只有保住了现场施工人员的生命健康安全,才有经济的可持续发展。完善的安全制度的制定能够为生产建设保驾护航,并且能够很好地对现场人员的安全起到一定的作用。

设施设备管理制度主要是对施工现场设施设备提出相应的要求,定期检查与维修,以免因老化等原因发生安全事故或者影响施工进度;对操作机械人员提出相应的使用要求,还有安全设施的保护与投放,例如,临边洞口的防护措施不许轻易挪动;安全教育培训主要是强制建设单位使用BIM等数字化技术对进入现场人员进行安全教育培训,并进行记录,避免形式化问题;安全考核奖惩制度是为了激励与约束现场施工人员,例如,不带安全帽扣除奖金,对举报他人不安全行为的人员给予相应奖励等,在年底对成绩突出的部门和个人予以表彰,对被动应付者予以通报批评和处罚;安全防护用具管理制度是为了在发生事故

时,保障现场人员能够拥有安全防护用具,达到自救的目的,为后面救援队争取时间,包括更换破损用具、补全足够的用具等;安全救援相关制度不仅能保证在发生安全事故时,救援队能够快速抵达现场进行救援,还帮助现场人员了解安全救援的具体流程,在事故发生时达到临危不乱的目的;安全监督相关制度是为了落实安全管理责任,要求管理人员对施工人员全过程的监督,避免因人的不安全行为和不安全心理而引起的事故;施工人员考核制度主要考核施工人员安全施工水平、是否能够做到安全使用机械设备或施工用具,以分数的形式划分人员的安全等级,对不合格人员进行安全教育培训,保障施工过程的安全有序;安全技术交底制度是指严格遵守之前施工方案预设的施工工艺,并根据施工内容进行定期交底与记录,发生问题时方便追责。

（三）安全投入

为了实现矿山工程建设的安全管理目标,需要加大安全投入力度。安全投入主要包括人员投入、设施设备投入、信息化技术投入、安全救援投入等。

安全投入是推进矿山建设工程安全开展的重要力量。投入越大,效果越好,这一点是毋庸置疑的。其中,人员投入包括安全教育培训投入、人员安全健康投入与安全管理人员投入,是提高作业人员安全意识与技术水平的重要途径。设施设备投入包括机械设备检修投入、安全防护设施投入与防护用具投入,是维持施工设备平稳运行的重要抓手,也是保护现场人员生命健康安全的重要手段;信息化技术投入包括 BIM 软硬件投入、BIM 技术使用投入与 BIM 技术人员培训投入,是提高矿山企业现代化水平、强化安全管理保障的关键措施;安全救援投入包括安全救援设备投入与安全救援资金投入,是保护现场施工人员生命的兜底措施。

第四节　案例分析

一、项目概况

F项目隶属于A公司,位于河南省禹州市。井田范围东西走向长约18.5 km,南北倾向宽为0.70~2.75 km,井田面积约为25.76 km²。设计生产能力为1.20 Mt/a。本井田−690 m水平正常涌水量947 m³/h,最大涌水量为1140 m³/h。水文地质复杂,开采技术条件中等。F项目建设按照分步实施、效益优先、总体部署的原则进行,建设周期总体安排为24个月,分两个阶段进行,各阶段内部工程可并行实施。为了打造数字化矿山,实现矿山建设现代化、提高项目的整体安全管理水平的目标,故而委托BIM咨询团队进行矿山建设安全管理。

二、BIM应用的保障措施

本项目由建设单位联合BIM咨询单位共同推进BIM技术在矿山建设项目的应用,推动数字化矿山建设,为矿山建设安全开展提供保障。根据建设单位提供的项目信息资料等构建BIM数字化模型,综合考虑项目存在的安全风险因素、施工过程可能引起的后果以及现场安全相关规定,形成矿山数字化安全信息模型,并将其应用于安全教育培训、安全疏散模拟、施工方案模拟、地质情况分析与重大危险区域识别,预先采取适当措施,尽量减少后期不安全事故的发生,提高项目建设的安全等级[1]。

(一)基础设施保障

1.硬件资源配套设施

BIM技术对计算机的配置要求是非常高的,像FUZOR、LUMION等图像视频处理软件要想实现模型的高级渲染,真实再现现场情景,对中央处理器的要求是很高的。在巨大模型展示时,普通计算机是难以驾驭的,常出现卡顿、延迟、失真等问题。因此,本单位竭力把硬件资源配置到最好,为指导安全施工打好基础。

2.软件资源配套设施

关于BIM软件的选取,根据以往的项目经历,BIM咨询单位已经购买了许

---

①刘先国. 基于BIM的项目施工管理应用研究[D]. 北京:北京交通大学,2021.

多与BIM相关的软件,形成了一套完整的BIM项目构建体系,同时本单位也具备丰富的管理经验。软件类型主要包括广联达系列软件、Autodesk系列软件等,根据本项目的应用模块情况分析。

(二)BIM技术人员保障

BIM咨询团队涉及建筑工程、矿业工程等多个领域,参与多个与BIM相关项目的建设与管理,也都取得很好的效益。同时,以工程管理为基础,在实操过程中逐渐形成了自己的专业团队。人员方面涉及计算机专业人员、BIM技术专业人员、专家库等。为了充分保障项目的顺利开展,实现全过程动态管理,还会安排相关人员与现场建设单位安全管理人员进行沟通,收集现场信息情况,实现BIM模型的实时更新,为现场安全管理提供参考性建议。

三、基于BIM的矿山建设工程安全管理预案实施

将预案应用到实际的矿山建设项目上,主要从安全教育培训、安全疏散模拟、施工方案模拟、地质情况分析与重大危险区域识别这五大应用点出发,结合项目实际情况进行详细应用介绍和分析,为其他项目应用BIM技术提供指导思路。

(一)安全教育培训

从事故报告中与文献资料中可以发现,引发事故的间接原因大部分归咎于施工人员安全教育培训的缺失,致使安全思想薄弱、心理上不重视安全等。目前,基于BIM安全信息模型开展的安全教育培训主要包括现场模拟体验与安全知识体验学习两方面,通过虚拟操作机器提高人员使用机械设备的熟练程度或者亲临危险现场提高现场施工人员的安全意识、丰富施工作业人员的安全知识。本项目计划专门布置一间房间供施工人员在施工前进行安全教育培训,施工人员通过佩戴虚拟现实设备,将BIM安全信息模型导入FUZOR软件当中进行虚拟场景构建;通过SteamVR平台进行连接,为现场人员提供沉浸式体验。

通过可视化知识展示,告别了枯燥无味的"说教式"或"纸质版"的安全教育模式。例如,对安全帽的作用进行说明,让施工人员了解到现场佩戴安全帽的必要性。这将极大地提高施工人员对安全相关知识的学习,纠正因人为的因素所引发的不安全事故;同时,通过对引发事故的原因进行分析,让施工人员提前了解施工的注意事项,规范现实施工的不安全行为。

(二)安全疏散模拟

如果地下巷道情况不明,一旦发生事故,短时间内无法撤离事故现场,很容易造成重大死亡事故。如果事前能够做好相应的紧急路线规划,现场施工人员便能够在遇到紧急情况时,有条不紊地逃向安全区域。这将极大地降低伤亡人数,为后续安全救援提供更多的宝贵时间。本预案打算用Pathfinder软件规划逃生路线,做好事前方案规划,进行安全疏散模拟。

以地下某一条巷道为场景进行模拟分析,根据《煤炭安全规程》中对巷道的相关规定,设该处巷道的截面形状为半圆拱形,巷道净宽4 m、高2.2 m。此时,A处发生水灾事故,需要紧急撤离至B与C安全区域。管理人员需要快速赶往D处(向地上发出救援信号),共有6名现场施工人员和一名现场管理人员,全为男性,身高1.8 m,肩宽43 cm,逃离速度为1.81 m/s;其中,B安全区域可容纳3人避难,C安全区域可容纳3人避难。通过事先规划好各自逃生的路线,寻找最佳疏散点,从而为安全救援争取更多的时间。

(三)施工方案模拟

施工方案模拟包括现场施工安全模拟与碰撞检查两部分,通过广联达BIM施工现场布置软件合理规划现场区域布置,保证现场施工环境安全有序;利用Navisworks软件进行管线碰撞检查,预先排除存在的碰撞风险,优化方案,减少可能在施工阶段存在的错误损失与返工,提高协同能力。

1.施工安全模拟

对现场施工环境进行模拟分析,能够预先明确设计图纸存在的不合理之处以及可能存在安全隐患的区域。通过广联达BIM施工现场布置软件进行可视化展示,对重点区域进行合理规划,减少后期的人力、物力与财力的消耗。例如,井上建设的塔吊布置规划、井架附件的设备厂房布置等。如果布置不合理,将会对后期施工造成较大影响,甚至因规划不全面而造成重物坠落致死事件的发生。因此在项目开工之前,利用该软件对这些设备、厂房安置进行规划,选出最优方案,提高项目的整体安全水平。

依据CAD图纸,在广联达BIM施工现场布置软件中,模拟井上塔吊施工过程,可以清楚地看见现场中的两个塔吊之间明显存在碰撞点,需要进行优化。只有这样才能避免在施工过程中因塔臂碰撞而引发的安全事故,之后根据现场情况以及《塔吊安装规范》,更改两个塔吊的具体安放位置,使其在施工过程中能够安全运行。通过可视化施工模拟分析,将极大地减少现场设备安放位置设计不合理的情况,从而提高整体矿山建设的安全等级。诸如此类应用在施工场地布置上更是能够发挥价值。

2.碰撞检查

矿山工程建设过程中,涉及通风、采暖、电力、运输和排水等系统。这些系统多而复杂,传统的平面图设计无法准确反映管线间的碰撞情况,给后期施工造成许多麻烦,诸如返工、拖延施工进度等情况。借助Navisworks预先进行管线碰撞检查,可以提前发现并调整存在的问题,弥补设计中存在的不足,提高施工安全等级。

本次对项目中某一副立井存在的碰撞情况进行展示,共涉及动力电缆、通信电缆、压缩空气管、排水管、压气管与洒水管。将BIM模型导入Navisworks软件中进行碰撞检查,建立文件总纲,选择碰撞检查的部位,设置好相应的碰撞规则,减少无效碰撞情况,得出碰撞报告。通过对构建的BIM数字化模型进行碰撞检测,识别出存在的硬碰撞情况,通知设计单位进行调整,得出最新方案,便于后期施工的安全有效开展,极大地减少不必要的安全施工风险。

(四)地质情况分析

矿山地质条件复杂,安全隐患此起彼伏,威胁着施工人员的生命安全,地质信息分布在多张平面设计图中,管理人员使用起来不方便。通过建立数字化地质模型,将相关安全信息集成到模型当中。这将有利于现场管理人员按照安全规范指导作业人员进行施工活动,对地质中存在的安全隐患进行可视化解读。管理人员可以预先采取防范措施或者选择新的施工路线绕开重大危险区域进行施工。

根据钻孔数据、地形地质及水文地质图、地层综合柱状图、煤层瓦斯地质图等提取构建地质模型所需要的信息与数据,获得地表、杂填土、素填土、粉土、黏土、中风化石灰岩、溶洞等地质信息数据,将其以逗号分隔值(comma separated value,CSV)格式导入Civil3D软件中,针对不同层的地质特性以不同颜色进行区分,生成地质模型,接着通过Civil 3D软件输出模型数据导入REVIT软件当中,获得可操作的地质信息模型,在REVIT软件当中对其赋予相应的安全信息,可以实现地质信息的可视化,有利于指导现场安全施工。

(五)重大危险区域识别

对于存在较大隐患的危险区域要加强监管力度,3D可视化的模型展示更加直观、真实。通过颜色方案应用与现场监控模拟相结合,能够快速锁定危险区域,并以监控设备进行重点监督。一旦发生事故能够快速采取措施进行应对,形成无间隔的"重点监督—发生事故—采取措施"的回路,极大地提高安全管理的水平。

1.颜色方案应用

在传统的施工安全管理中,大多数管理人员多以图纸指导现场施工,实际的地下施工场所是个立体的场景,依靠平面的图纸是难以准确有效地掌握危险区域存在的风险因素;同时,每个人的大脑对图像的理解与3D的辨识效果也是大有不同。这种抽象的概念很容易造成管理人员对某些区域危险程度的认识不到位。基于BIM的可视化特点,以REVIT软件为支撑,对巷道的危险程度采用红(一级)、橙(二级)、黄(三级)、绿(四级)4种颜色进行区分。

通过颜色方案的运用,可以清楚地看出地下巷道每个区域的危险等级。现场管理人员可以通过在施工之前针对危险区域制订周密的施工计划、加强巷道的支护力度,从而在施工作业时提前预防风险的发生、减少作业时安全事故的次数。同时,在REVIT中以"类型属性"命令赋予其"危险程度"与"危险因素"两个信息。对该区域的详细情况进行介绍,方便安全管理人员快速了解该处的具体情况,加强监督力度,不会成为"无头的苍蝇"(不知道应该重点监督哪一块区域或者哪一部分操作)。通过对重大危险区域的识别可以极大地提高管理人员对矿山项目的安全管理效率,降低现场施工成本,保护作业人员生命健康安全。

2.现场监控模拟

对存在重大隐患区域要设置监控设备进行重点监视,一旦发现问题就可以传达至调度室,管理人员根据现场情况立刻采取措施,实现现场安全管理。在BIM安全信息模型的基础上,利用FUZOR软件进行监控模拟,辅助监控设备的合理规划,通过监控画面的信息展示情况,确定监控设备应放置于危险区域的具体位置。监控的放置有视口放置(监控视角为当前视角)与点击放置(任意点击放置摄像头位置)两种,现场画面分为彩色与黑白色两种,利用FUZOR软件自带的光照分析功能,根据日光强度与亮度的分析与调整,真实地展现现场的变化情况,大大提高了现场安全管理的效率。

四、基于BIM的矿山工程安全管理预案优势分析

生命至高无上,安全责任为天。为了降低矿山工程建设现场的安全事故发生次数,实现"零安全事故"的目标,在矿山安全管理中引入BIM技术,实现数字化矿山建设,提高安全管理水平,学安全知识,行科学管理。

（一）安全教育培训的应用优势

借助BIM+VR技术对现场工作人员进行安全教育培训,通过"身临其境"的感受与事故案例的体验,在体验人员的内心深处筑牢安全红线。在施工作业时,会因为之前所体验的感受而有所顾忌,遵守规章制度,小心翼翼操作。在现实虚拟场景中学到的安全操作、安全救援以及安全避难等知识,可以在施工遇到危险时快速帮助作业人员采取措施进行自救,BIM+VR相结合以动态可视化的形象展示提高每一位施工人员的安全意识,方便安全管理人员进行现场的安全管理。

（二）安全紧急模拟的应用优势

在地下巷道中,逃生路线的正确选择将能够极大地降低现场人员死亡率。结合BIM+Pathfinder的各自特点,通过事前的规划模拟,计算出最佳逃生路线,现场工作人员在紧急避险时能够快速做出决策,降低消耗成本。通过模拟巷道逃生的路线,可以预先发现影响逃生速度的因素,譬如人的速度、人员的心理紧张程度、以及空间的大小等。

（三）施工方案模拟的应用优势

利用广联达BIM施工现场布置软件,通过预先对施工现场的施工设备等进行布置,提前规避施工时可能发生的风险,提高施工现场的整体安全性;在模型的基础上,利用Navisworks软件的碰撞功能对各个系统之间进行碰撞检查,预先纠正图纸设计的不合理之处。这将有利于指导后期的施工,减少施工过程中无效工作量与返工次数。通过施工安全模拟与碰撞检查,为矿山项目建设进行安全管理提供有力支撑。

（四）地质情况分析的应用优势

借助3D地质软件建立地质模型,对不同层级的地质信息进行可视化展示,标注好地质信息属性,通过在软件中查看模型,了解各区域的风险信息。有针对性地提前采取安全施工措施,将有效减少水害、瓦斯爆炸等事故的发生次数。利用3D动态可视化的模型,并集成相关的安全信息,形成安全数字化地质模型,辅助现场管理人员有效指导现场井筒、巷道掘进等施工,保障现场的安全施工。

(五)重大危险区域识别的应用优势

通过采用颜色方案预先在模型当中区分好各部分区域的危险等级,利用 REVIT 的内部功能标注好该处区域的危险信息以及注意信息,形成 BIM 安全信息模型。现场管理人员可以在 BIM 平台上进行操作,进行重点监督,极大地提高安全管理的效率;同时,利用 FUZOR 中自带的监控功能,模拟现场真实监控设备的效果,选择监控画面最优的场景,减少不必要的安装成本。将颜色方案与监控模拟相结合,能够快速根据现场情况采取相应的措施,有效减少危险区域发生事故的次数。

第六章　基于BIM的矿山建设工程施工进度风险管理

第一节　矿山建设工程施工进度风险因素识别

为了探究各种风险因素对矿山建设项目施工进度的影响,本研究首先收集网络相关文档、施工进度案例、资料等,整理相关文献资料;然后,运用文本挖掘的方法,初步提取出影响建设项目施工进度的风险因素;再辅以WBS-RBS矩阵法,对矿山建设工程施工进度风险因素进行补充识别,完成影响矿山建设工程施工进度的风险因素全面识别;并在此基础上构建矿山建设工程施工进度风险因素体系。此外,本研究还运用文本挖掘结合WBS-RBS矩阵法的方式,识别矿山建设工程施工进度风险因素;从海量文本数据中挖掘与研究内容相关的关键信息;再结合专家经验对文本挖掘结果进行补充,将主客观手段相结合,规避了传统头脑风暴法、案例研究法等依赖个人主观判断方法的局限性,弥补了风险因素识别不全和针对性不强的缺点[①]。

一、基于文本挖掘的施工进度风险因素识别

(一)文本挖掘概述

1.文本挖掘的内涵

文本挖掘,又称为文本数据库中的知识发现,是数据挖掘的一个分支,是抽取事先未知的、有效的、散布在文本文件中的有价值知识,并且利用这些知识更好地组织信息的过程。文本挖掘涵盖了自然语言处理、数据挖掘等多种技术。其在分析处理非结构化文本数据方面具有得天独厚的优势,能够找出历史数据之间的潜在联系,挖掘未知的因素,对数据进行更深层次的挖掘与分析,为做出更好的决策、预测未来的发展趋势提供良好的支持。

---

①周思齐. 基于BIM技术的综合体建设工程项目施工风险防范研究[D]. 重庆:重庆大学,2018.

2.文本挖掘的流程

文本挖掘主要包括语料获取、原始语料的数据化、内在信息挖掘与展示 3 个步骤。一般地,文本挖掘被划分为两个阶段:文本精炼和知识抽取,首先将从网络数据、文本文件、图片中获取的文本数据进行预处理,对信息进行清洗和合并,将自由形式的文档转化成文本工具可处理的中间格式;再通过文本分析工具对中间格式的文本数据进行知识抽取,进而完成词云分析、关键词分析、文档聚类、可视化展示等。

(二)施工进度风险因素文本挖掘

1.收集文本资料

收集文本资料是文本挖掘的第一步,文本资料的选择对后续文本挖掘知识的提取结果至关重要。常用收集文本数据的方法主要有两种:一种是以专家主观判断为主的定性研究方法;另一种是通过文献计量、数据挖掘等方法对论文、专利文献进行定量研究的方法。伴随着信息的爆炸式增长和计算机技术的飞速发展,现阶段大多数学者采用基于论文、专利等文献数据进行定量分析,再辅以专家的判断。这样可以弥补专家判断主观性过强的缺陷,数据源的客观性与科学性得到了保障。

要研究影响矿山建设工程施工进度的风险因素,就必须收集近年来矿山建设工程施工进度风险管理的相关研究文献,并对获取的数据源进行分析。选择以 Python 语言编程的数据挖掘爬虫作为文本获取工具,借助计算机技术抓取矿山建设工程施工进度相关的数据文档、工程报告以及经验资料等。在对矿山建设工程进度管理相关文献进行收集的基础上,为保证影响施工进度风险因素的全面性,还应利用网络爬虫工具从互联网上抓取论坛、企业新闻等网页内容的信息,对文献数据进行了补充。

2.选择文本挖掘工具

随着计算机技术的不断发展,文本挖掘工具的类型与日俱增,不同开发商开发的文本挖掘工具的定位和功能特性也相差甚远。

因为研究内容专业性强,所以文本挖掘需要具备矿山建设工程相关的特定专业词库,也需对文本挖掘的数据源进行词频统计、语义网络分析和可视化展示等功能要求。因此 ROST CM 软件是对数据源进行文本挖掘的首先软件。

3.文本预处理

第一,将影响矿山建设工程施工进度风险管理的文本资料整理为 ANSI 编码格式的".txt"格式的文本文件,方便下一步对文本数据进行文本分词、文本词条化、词性标注、词频统计分析、可视化等文本分析处理。

第二,由于矿山建设工程具有较强的专业性,所以在进行文本分析之前,参考土木工程、矿业工程、井巷工程、项目管理等专业书籍,编制矿山建设工程的专业词表。因为不同文章撰写者表达方式与表达手法可能不同,如作业人员、施工人员等,因此在进行文本分词前需预先定义归并词表,将同一意思的不同表达统一为一种表达方式。

第三,在ROST CM软件中上传自定义词表和自定义归并词表后,进行文本分词,接着对在文档中频繁出现但对文本区分没有实质性含义的停用词进行过滤,只留下对研究有实际意义的词条。

第四,从矿山建设工程施工进度风险因素词云图中得出的高频词为:施工组织、沟通协调、设计方案、进度管理、自然因素、信息技术、勘察资料、技能水平、人员素质、工程变更等。由于不同词汇在文本资料中可能存在意思含义不同的情况,因此不能仅根据词频的高低来确定是否是施工进度风险因素。

4.文本语义分析及可视化分析

将完成文本分词的文本语料载入ROST CM软件,按照提取高频词→过滤无意义词→提取词表行特征→构建文本语义网络图→生成共现矩阵文件的步骤对文本预料进行处理;最后,利用软件的NetDraw对软件提取的词语进行文本语义关联分析。

"施工进度"处于社会网络与语义分析图的中心,说明众多因素都会导致施工进度的延误。其中,对矿山建设工程施工进度影响较大的风险因素为:施工方案、项目管理能力、设计变更、项目资金、地质勘察、设计方案、安全事故、地质条件、人员素质、施工技术等因素,与词频分析结果大致相同。

资金、国家政策、施工技术交底、设计方案、行业标准规范、项目管理水平、组织协调能力、勘察方案、施工前准备、地质条件、组织流程、设计变更、安全事故、质量事故、质量安全进度重视权重、宏观经济环境、人员素质、施工规范性、作业水平、施工方案、施工工序等因素是影响施工进度的重要因素。将这些因素组成矿山建设工程施工进度风险因素初始集,为后续矿山建设工程风险分解结构(risk breakdown structure,RBS)的建立提供初始风险数据。

二、基于WBS-RBS的矿山建设工程施工进度风险识别

(一)WBS-RBS矩阵法概述及应用步骤

1.WBS-RBS矩阵法的内涵

工作分解结构(Work Breakdown Structure,WBS)是以系统工程思想为基础,将项目整体分解成若干个相互独立、易于描述的工作单元。工作结构的分解方式灵活,可按照业务流程、组织单元、空间位置、过程阶段和时间阶段等方式对工作进行分解。

RBS是指将一个项目可能发生的风险类别及风险子分类按照层次列出,并按照一定的程序对项目中可能存在的环境风险、市场风险、技术风险、财务风险、人事风险和生产风险等潜在风险进行分类与识别。

WBS-RBS矩阵法由美国学者赫森(Hillson)首次提出,将WBS与RBS相结合,横纵交叉构成双维度耦合矩阵的一种风险识别方法。该方法可以系统识别项目的风险因素,具有全面性和避免主观臆断等优点。

2.WBS-RBS矩阵法应用步骤

矿山建设工程是一项复杂的综合工程,涉及的专业、施工过程繁复,常规的方法难以全面地针对矿山建设工程进行进度风险因素的识别。而通过使用WBS-RBS矩阵法,在文本挖掘基础上进一步分析矿山建设施工进度风险因素,可避免风险因素遗漏,进而有效划分风险类型。WBS-RBS矩阵法的应用步骤主要如下。

(1)构建WBS树

对矿山建设工程按照工作流程、施工工序、结构空间布局或者设计要素等特点进行逐级分解,将完整的矿山建设工程自上而下逐级划分至可操作性的细部工作包,形成WBS模型。

(2)构建RBS树

基于文本挖掘初始风险因素集,将影响矿山建设工程施工进度的潜在风险按照种类和归属关系进行逐级分解,并对风险因素按照进行层级种属进行归类,得到风险结构,并完成RBS模型的构建。

(3)构建WBS-RBS耦合矩阵及分析

将矿山建设工程的RBS列为横向,WBS列为纵向,然后对WBS和RBS模型进行横纵耦合,形成双维度耦合矩阵。

（4）耦合分析

在 WBS-RBS 耦合矩阵中，遂将每一行与每一列的交叉点作为一个风险点，对行风险因素在列作用单元下是否存在风险进行判断，如果两者存在相关性，则在矩阵交叉点处用数值"1"来表示；如果两者不具备相关性或者相关性甚微，可以忽略不计，则用数值"0"表示。

(二)构建矿山建设工程 WBS

WBS 是将一个整体项目按照一定规则分解成若干个工作单元。在本研究中，WBS 是指将矿山建设工程划分为可以帮助风险管理人员进行风险管理的最小工程内容。矿山建设工程一般为地上地下综合性建设项目，同时也包含了众多系统，如生产系统、通风系统、提升运输系统等。

矿山建设工程作业复杂，且涉及界面众多，按照工程内容将其分为两部分 W_i，$(i=1,2,\cdots,n)$，每个部分包含 j 个子工程 W_{ij}，$(j=1,2,\cdots,n)$，其中，第一部分为矿建工程主体施工内容，第二部分是井下安装工程。

地下工程的准备工作主要包括地面永久设备与设施、掘进井架的架设、主井临时提升系统和副井永久提升系统的建设工作。这些施工内容是与矿建工程关键路线所在的工序牵连较大的工程内容，是保证矿井顺利施工的必要前提条件。

在完成地下工程的准备工作之后，根据项目设计方案依次完成立井井筒、斜井井筒、巷道、硐室、永久设备间、井下安全构筑物和井下铺轨的矿井建设工作。其中，永久设备间如井下水泵房、部分管线工程、井下变电所等可按照施工组织设计的安排与巷道、硐室建设交叉施工。

机电安装工程是保证后续人员和机械设备施工和生产的必要条件。在井下硐室完工后，即可开始井下机电设备的安装。井下安装系统主要包括供电系统、排水系统、防治水系统、通风系统和瓦斯抽排系统。

(三)构建矿山建设工程 RBS

RBS 是将工程施工过程中存在的潜在风险进行逐层分解，从而得到不同层次的工程子风险集的过程，将最终得到的子风险集称为 RBS 树。

将矿山建设工程施工进度风险因素初始集中风险因素，按照风险产生原因以及作用范围等角度对初始集元素进行筛选、细化和分类，最终将其划分为社会经济风险、政策法规风险、自然风险、组织风险、管理风险、技术风险 6 个类别,记为 R_k,$(k=1,2,3,4,5,6)$,每一类别的子风险因素记为 R_{kl},$(l=1,2,\cdots,n)$,最终形成矿山建设工程 RBS 树。

1.社会经济风险

社会经济风险指的是导致施工进度问题发生的、与社会层面和经济环境有关的风险因素。具体来说就是国家社会环境不稳定、经济环境差,致使矿山建设工程的各个工序的实际开工时间未按照预期设定时间执行的情况。

2.政策法规风险

政策法规风险指的是宏观政策和行业相关的技术标准、规范发生变化时,对矿山建设工程施工进度产生影响的风险因素。

3.自然风险

自然风险是指自然界存在的危险因素,诸如地震、台风、恶劣天气等引发的导致施工进度延误的风险因素。

4.组织风险

组织风险是指由组织机构、组织流程或者组织管理人员等引起的、影响施工进度的风险因素,主要涵盖利益相关方关系、组织架构不健全或组织流程过于繁复导致批复时间久等原因,导致项目施工进度未按照既有计划进行的情况。

5.技术风险

技术风险主要是指由技术上的不足或者缺陷等导致项目施工过程中施工进度滞后。例如,勘察资料未能全面正确反映或解释工程的地质情况、施工技术不先进、作业装备落后等,导致施工进度未按照预期进度计划按期完成项目施工的风险因素。

6.管理风险

管理风险指的是作业设备、作业材料、作业方案等由管理人员管理不当、缺乏沟通协调能力导致材料设备未按照约定时间进场,或施工技术交底不彻底导致的返工、安全事故等施工进度偏离计划工期的风险因素。

(四)构建 WBS-RBS 风险识别耦合矩阵

将矿山建设工程 WBS 与 RBS 树的最底层单元俩俩交叉形成双维度耦合矩阵,形成工作分解结构与风险分解结构的映射关系,对矿山建设工程施工进度风险进行清晰、直观的判断。

(五)风险耦合分析

利用WBS-RBS矩阵法对矿山建设工程各子工程的施工进度风险因素进行识别,是对文本挖掘方法识别结果的补充,针对各子工程的施工进度风险进行依次识别分析,可以减少由文本挖掘数据不够全面导致的风险因素遗漏。

影响矿山建设工程不同子工程施工进度的风险因素不尽相同,具体分析如下。

矿建工程是矿山建设工程的核心部分,主要包括立井井筒、斜井井筒、巷道、硐室、永久设备间、安全构筑物和井下铺轨6个子工程。项目资金、不可抗力和复杂的地质条件也是矿建工程施工进度的风险因素。

机电安装工程是矿建工程基础上进行的工程内容,主要包括供电系统、排水系统、防治水系统、通风系统和瓦斯抽排系统5个子工程。在实际施工过程中,常存在交叉施工的现象。例如,先将永久设备间内的设备安装完毕,以节约矿建工程的施工作业等待时间和提高矿建工程施工的安全性。项目资金、行业标准、设计方案、新型技术的应用以及大部分的管理风险均是矿山建设机电安装工程施工进度风险因素。

影响矿山建设工程不同工程内容的风险因素存在些许差异,但整体看来,RBS中的风险内容已经涵盖影响矿山建设工程施工进度的风险因素。

三、矿山建设工程施工进度风险评价指标体系的构建

为保证风险评价指标体系构建的科学性与全面性,在建立施工进度风险评价指标体系时遵循以下3个原则。

(一)全面、可量化原则

采用科学手段从相关研究文献、互联网数据文档和工程报告等资料获取的施工进度风险因素,尽可能全面地反映影响矿山建设工程施工进度的风险因素,并且要求风险因素可量化,便于对风险因素间作用机理研究。

(二)系统性、适应性原则

矿山建设工程施工过程中涉及众多风险因素,构建施工进度风险评价指标体系时,应以系统的眼光对矿山建设工程进行整体把握,所构建的评价指标体系应与矿山建设本身的工程特点相适应。

(三)独立性原则

矿山建设工程施工进度风险评价指标体系应尽可能对所有的矿山建设工

程项目通用。因此,要保证不同因素指标之间不存在相互包含关系或者包含关系不明显,保持各因素之间的相对独立性。

综合上述施工进度风险因素识别结果,将上述施工进度风险识别结果细化、总结与归纳,并从宏观、自然、组织、技术和管理5个角度出发,形成本研究的矿山建设工程施工进度风险评价指标体系。本风险评价指标体系包含5个部分,共由30个风险因素组成。其中,宏观因素包含经济环境、宏观政策变化、行业标准规范、项目资金4个因素;自然风险包括不可抗力、恶劣天气和复杂地质条件3个风险因素;组织风险包括组织机构健全程度、组织流程复杂度、安全质量进度重视权重3个因素;技术风险包括设计方案、施工方案、装备水平、技术水平、新型技术的使用等10个因素;管理风险包括施工前准备、人员组织安排、沟通协调、安全事故、质量事故等10个因素。

第二节 矿山建设工程施工进度风险因素作用机理分析

矿山建设工程施工进度风险因素作用关系交错复杂,常处于动态变化之中。理解风险因素之间的作用关系有助于施工进度风险的有效控制。因此,在已构建完成的矿山建设工程施工进度风险评价指标体系的基础上,分析影响矿山建设工程施工进度的关键风险因素和因素间作用层次关系;再通过分析BIM技术的应用点,进一步筛选出通过BIM技术可以管控的施工进度风险因素,明晰面向BIM的风险传递路径和风险因素作用机理。

一、模型方法概述

以矿山建设工程施工进度风险因素作为研究对象,采用决策试验与评价实验室(decision-making trial and evaluation laboratory,DEMATEL)模型对影响施工进度的关键风险因素进行分析,并采用解释结构模型(interpretative structural modeling,ISM)模型对进度风险因素进行结构层次划分,明确各因素之间的作用机理和风险传递路径[①]。

(一)DEMATEL概述

DEMATEL法是美国巴特尔纪念研究院1971—1976年由学者加比斯(Gabus)和方特拉(Fontela)提出的一种运用图论和矩阵工具的系统分析方法,用来研究和解决复杂决策问题,分析各要素之间的逻辑关系与相关性,确定每个因素在系统中的地位,从而从众多因素中识别出导致施工进度风险的根本性因素。

DEMATEL建模的本质是将系统看作一个带权值的有向图,可以通过计算影响度、被影响度、中心度和建立因果图等方式,有效分析两因素之间的影响程度与作用关系。在企业规划与决策、都市规划设计、旅游服务需求、应急管理、供应链协、同管理等领域均得到了广泛的应用。

(二)ISM模型概述

ISM法在现代系统工程中有着十分广泛的应用。ISM是由沃菲尔德(Warfield)在1973年提出的借助计算机技术进行矩阵运算或者拓扑分析来解决复杂

---

①赵伟合.BIM技术推动下建筑工程项目风险分担研究[D].重庆:重庆交通大学,2020.

研究问题的一种系统方法。

ISM法可以将复杂系统中零乱、无规律的要素分解成多级递阶结构模型,厘清因素间的层次结构以及各层次结构因素间的相互关系,以提高对复杂问题的认识与理解。因此,ISM法在企业管理与决策、产业驱动价值评价、供应链实施障碍等各方面得到了广泛地运用。

(三)集成DEMATEL-ISM模型优势分析

现阶段已有部分学者采用神经网络、结构方程模型、贝叶斯网络、系统动力学、层次分析法、遗传算法等方法对已识别的因素进行致因分析。

DEMATEL方法在处理大量影响因素之间的因果关系、定位影响因素所处地位时有着突出的优势,ISM方法可以厘清复杂因素间作用关系与层级结构,两者均适合用于关键和复杂情况下的分析与决策。将DEMATEL和ISM方法进行整合,相互补充,不但将复杂系统中众多关系凌乱的因素划分出因素的影响层级,而且可将因素间的影响程度和影响方向以有向图和因果图表示出,因素之间的作用机理清晰明了,加强并支持了决策过程。矿山建设工程也是一项复杂的系统工程,因此DEMATEL和ISM整合方法适用于矿山建设工程施工进度风险因素的分析与评价。

综合以上可以发现,DEMATEL和ISM整合的方法可以更快地帮助决策者找出根本影响因素,明确因素的影响方向,从问题根源或从中介因素入手,解决影响事物发展方向的众多问题,从而提高管理者的风险管理能力、决策与管理能力、企业效益等。

(四)集成DEMATEL-ISM理论步骤

一般来说,在利用DEMATEL和ISM分析问题时,需经过一系列计算步骤。

1.确定风险因素集

结合施工进度风险因素评价指标,确定影响施工进度的风险因素集 S,风险因素集中的因素用 S_i 表示。

2.计算初始直接影响矩阵 O

首先,将风险因素间的影响程度进行模糊;然后,再按照模糊评价规则对因素间影响关系及程度进行打分,得到直接影响矩阵 $O=[O_{ij}]_{n*n}$,矩阵中元素 O_{ij} 表示风险因素 O_i 对风险因素 O_j 的影响程度。

$$O_{ij}=\begin{cases}0\ \text{因素}i\text{对因素}j\text{无影响}\\1\ \text{因素}i\text{对因素}j\text{影响较弱}\\2\ \text{因素}i\text{对因素}j\text{影响较强}\\3\ \text{因素}i\text{对因素}j\text{影响很强}\end{cases},\ \text{当}i=j\text{时},O_{ij}=0。$$

在处理影响矩阵时,由于每位专家的知识经验存在差异,因此在后续处理中,将直接影响矩阵中的数值取平均值进行集结,形成初始直接影响矩阵O。

3. 规范化直接影响矩阵N

为消除量纲之间的误差,需要对初始直接影响矩阵O进行归一化处理,可得到标准化直接影响矩阵,也即规范化直接影响矩阵N。

$$N=\frac{1}{\max\limits_{1\leq i\leq n}\sum\limits_{j=1}^{n}O_{ij}}O,\ \text{式中}:N=(n_{ij})_{n*n},n_{ij}\in[0,1],\text{且}\max\limits_{1\leq i\leq n}\sum\limits_{j=1}^{n}n_{ij}=1。$$

4. 求解综合影响矩阵T

综合影响矩阵T是由因素直接影响与间接影响累加得到,利用矩阵T可识别关键因素,$T=N+N^2+N+N+\cdots+N^n=N(I-N^{n-1})/E-N=[t_{ij}]_{n*n}$,即$T=N(I-N)^{-1}$。式中,$I$为单位矩阵,表示因素对自身的影响。

5. 计算各风险因素的影响度d_i、被影响度c_i中心度m_i和原因度r_i

在求得的综合影响矩阵T的基础上进行计算以上4个因素。

$$d_i=\sum\nolimits_{j=1}^{n}t_{ij}\ (i=1,2,\cdots,n)$$

$$c_i=\sum\nolimits_{j=1}^{n}t_{ji}\ (i=1,2,\cdots,n)$$

$$m_i=d_i+c_i\ (i=1,2,\cdots,n)$$

$$r_i=d_i-c_i\ (i=1,2,\cdots,n)$$

影响度d_i为综合影响矩阵T的第i行的行和,代表风险因素i对其他风险因素的直接影响和间接影响的累加,影响度矩阵D为$n\times1$阶矩阵。

被影响度c_i为综合影响矩阵T的第j列的和(或者理解为矩阵T^{-1}的行和),代表风险因素j从另一个因素中获得的直接影响和间接影响的总和,被影响度矩阵C为$n\times1$阶矩阵。

中心度m_i表示风险因素i对其他风险因素的影响程度,m_i越大,表示风险因素i的影响程度越高;反之则影响程度越低。

原因度r_i则表示风险因素i影响其他无识别结果的程度和被其他因素影响程度的差值。若$r_i>0$,表明风险因素i影响其他风险因素,风险因素i为原因因素;若 $r_i<0$,表明风险因素 i 被其他风险因素影响,风险因素 i 为结果因素。

6.选定关键风险因素

原因度表示各因素之间相关程度,原因度越大则表示对其他因素影响作用越大,因此,可以利用原因度将产生的影响进行因果聚类,并将原因度作为各因素之间因果关系的权重,以此绘制系统风险因素因果关系图,从而从众多风险因素中选取关键风险因素。其中,系统风险因素因果关系图中以 m_i 为横坐标、r_i 为纵坐标。

7.构建邻接矩阵 A

第一,将综合影响矩阵 T 与单位矩阵 I 相加得到整体影响矩阵 Z,再通过设定阈值 λ 确定邻接矩阵 A。邻接矩阵中的元素 a_{ij} 的确定如下所示:$a_{ij\cdots} = \begin{cases} 1 a_{ij} \geq \lambda, i = 1,2,\cdots,n \\ 0 a_{ij} < \lambda, i = 1,2,\cdots,n \end{cases}$。

其中,阈值 λ 按 DEMATEL 综合影响矩阵 T 中所有条目平均值 α 与标准值 β 之和来确定。

8.计算可达矩阵 R

通过对邻接矩阵 A 进行布尔代数运算,即可将邻接矩阵中因素间的直接影响关系转换为间接影响关系,可达矩阵 R 由式计算得出:$(A+I) \neq (A+I)^2 \neq \ldots \neq (A+I)^k = (A+I)^{k+1} = R$。

9.风险因素区域及级位划分

根据可达矩阵 R 结果对系统中的风险因素的区域和级位进行划分。首先,在可达矩阵 R 的基础上确定可达集合 $R(S_i)$、前因集合 $A(S_i)$ 和共同因素集 $C(S_i)=R(S_i) \cap A(S_i)$,集合 R、A、C 的确定见式:$R(S_i)=\{S_i|R_{ij}=1\}$,$i=1,2\cdots,n$;$A(S_i)=\{S_j|R_{ij}=1\}$,$i=1,2\cdots,n$;$C(S_i)=R(S_i) \cap A(S_i)$,$i=1,2\cdots,n$。

式中 R_{ij} 为可达矩阵中对应的元素值。其次,再根据 $R(S_i)$ 是否等于 $C(S_i)$ 来确定风险因素的层级 L_k,$(k=1,2\cdots,n)$,当 $R(S_i)=C(S_i)$ 成立时,说明其对应的元素 S_i 为底层因素,然后在可达矩阵 R 中删除该元素所对应的行与列,如此迭代往复,直至所有因素均被删去,完成系统中所有风险因素的层次划分。

绘制 DEMATEL-ISM 因素评价模型,进行结果分析。在系统因素递阶层次结构图的基础上标注 DEMATEL 过程中计算得出的因素间影响权重,形成 DE-MATEL-ISM 因素评价模型,并基于此进行风险因素间作用机理分析。

二、风险因素DEMATEL-ISM模型构建

(一)构建风险因素初始影响矩阵

矿山建设工程施工进度风险评价指标体系中的30项风险因素,作为矿山建设工程施工进度风险评价的风险因素集$S=\{S_1,S_2,S_3,\cdots,S_{29},S_{30}\}$。

S_1——宏观经济形势:国家宏观经济的发展状况及趋势等。

S_2——宏观政策变化:为保持国家稳定而发布的法规、指导等相关政策。

S_3——行业标准规范:指导行业勘察、设计、施工、监理等相关的标准。

S_4——项目资金:为满足项目按照既定计划执行所必需的资金投入,包含资金到位及时性、资金投入量等。

S_5——不可抗力:非有限人力所能抗衡的因素,如台风、洪水、战争等。

S_6——恶劣天气环境:指影响项目进展的非常规天气,如大风、大雨等。

S_7——复杂地质条件:地形地貌、地质构造复杂,工程地质、水文地质条件不良,岩体裂隙瓦斯含量大等。

S_8——地质勘察勘:勘察人员通过专业设备对矿区地质进行踏勘的结果,特指地质勘察结果的准确性。

S_9——设计方案:设计人员通过对地质勘察报告的分析和对建设方的矿区建设要求等文件的解读,完成的矿区建设设计方案与设计图纸,特指设计方案的合理性等。

S_{10}——施工方案:施工单位根据矿区地质勘察报告、设计文件、现场条件以及建设方的施工要求等文件,召集本单位项目管理人员撰写的、针对特定项目的施工指导文件。

S_{11}——施工技术:特指施工技术的专业性和先进性。

S_{12}——装备水平:特指施工装备的先进程度,如与5G技术相结合的机械设备与装备等。

S_{13}——工人作业水平:作业人员本身的素质和技术水平的高低。

S_{14}——施工规范性:作业人员在施工时,是否按照施工技术交底要求或国家标准规范中的规定等要求进行施工作业

S_{15}——施工技术交底:专业技术人员向施工技术人员进行技术的技术性交代,包括工程质量、施工要点、技术措施等内容。

S_{16}——组织机构健全程度:建设方的各级部门或部门职责是否健全。

S_{17}——组织流程复杂度:组织内部为完成某一项工程内容批复而规定的特

定流程或通用流程。

S_{18}——安全进度质量重视权重:建设方或项目管理人员对项目施工过程中重视的管理内容,即对安全、进度、质量三者的重视程度比例。

S_{19}——施工前准备:为完成一项施工任务而进行的施工准备工作,同时也指为完成地下工程所必需的地面建设任务。

S_{20}——人员组织安排:项目管理人员为完成特定任务而对现场作业人员进行的组织与协调。

S_{21}——沟通协调能力:项目管理人员自身拥有的,与项目参与各方、施工作业人员等进行沟通和协调的能力。

S_{22}——设备进场时间:施工方案中计划的机械设备进入施工场地的时间。

S_{23}——费用超支:实际施工的费用超出施工成本计划的情况。

S_{24}——质量事故:施工作业质量/成果不符合验收标准等情况导致的返工、重新施工等情况。

S_{25}——安全事故:在施工过程中发生的伤害人身安全和健康,或者损坏设备设施,或者造成经济损失的情况。

S_{26}——设计变更:对通过审核的设计文件进行修改、完善、优化等活动。

S_{27}——材料进场时间:施工方案中计划的材料进入施工场地的时间。

S_{28}——施工工序安排:施工作业的顺序,包括工序的搭接、施工作业的形式。

S_{29}——项目管理人员水平:项目管理人员本身的素质及所拥有的项目管理能力。

S_{30}——新型技术的应用:信息化、智能化的技术,如BIM、IFD、5G技术等。

(二)构建风险因素DEMATEL-ISM模型

可达矩阵与有向图具有一一对应关系,可达矩阵中的每一个因素对应的数值都可以转化为有向图中节点之间的关系。其中,在可达矩阵中,数值为"1",代表对应的横向节点与纵向节点具有指向关系;若数值为"0",则代表无指向关系。

将绘制完成的矿山建设工程施工进度风险因素系统结构图,按照对应风险因素的名称整理成矿山建设工程施工进度风险因素DEMATEL-ISM初始风险评价模型图。

影响矿山建设工程施工进度的风险因素众多,且各个风险因素之间关系交错复杂。项目管理人员可以明晰地识别各因素之间的多层递阶关系与因素间影响权重,在此基础上制定有针对性的风险管理措施,以降低影响矿山建设工程施工进度的风险,减少施工进度延迟。

宏观经济形势、宏观政策变化、组织结构健全程度、组织流程复杂性、恶劣天气环境、复杂地质条件、不可抗力位于DEMATEL-ISM模型的底层,是影响矿山建设工程施工进度风险的最根本的因素,是导致矿山建设施工未按照计划工期完工的最根本因素。纵观以上因素,可以将其分为三类:第一类国家宏观环境,如果宏观政策与经济环境的处于悲观状态,那么会极大地影响矿山建设工程的开发与建设,影响矿山施工开工批复和项目资金的发放等,从而导致项目开工日期滞后等现象发生;第二类为组织机构类,主要为建设方自身的组织机构健全程度和施工过程中批复流程的复杂程度,当建设方自身的组织机构过于冗杂或者由部分部门担任项目的全部审批,导致项目流程进展缓慢,影响工程开工时间,因此建设方应从本身组织机构和组织流程出发,针对自身的特定问题,进行改善;第三类为矿区本身的客观条件及施工时所处的自然环境等,这类因素无法通过人为条件进行改变,但是可以在施工前制定相应的应急预防措施,以减少这些风险发生时对矿山建设的施工进度产生影响。

新型技术的应用、项目资金、地质勘察准确性、行业标准规范位于DEMA-TEL-ISM模型的第三层,设计方案、装备水平位于DEMATEL-ISM模型的第四层,设计变更、项目管理人员水平、施工技术位于DEMATEL-ISM模型的第五层。行业标准规范和地质勘察的准确性会影响矿山建设工程的方案设计。因此在地质勘察前,建设单位应选择合适的、经验丰富的地质勘察单位,在勘察时注意勘查结果的可靠性,这样才能保障设计方案的合理性,不会因为设计方案不合理而导致多次设计变更,影响项目的施工进度。项目资金对新型技术的使用和装备水平的提高有着密切的关系。矿山建设工程具有地质条件复杂和施工工期长等特点。这就对设计方案和项目管理人员水平提出了更高的要求。采用新型技术(如BIM)等可以提高设计方案的合理性、减少设计变更,提升项目管理人员水平。因此,可以通过这些手段来保障矿山建设工程的施工工期。

施工方案、安全进度质量重视权重、沟通协调、施工技术交底位于DEMA-TEL-ISM模型的第六层和第七层,工人作业水平、施工规范性、施工前准备位于DEMATEL-ISM模型第八层,质量事故、安全事故位于DEMATEL-ISM模型第九层,费用超支位于模型的第十层。在第六层至第十层范围内,主要为施工管理相关的因素,施工方案不合理以及项目管理人员水平不足导致的施工交底不彻底都会引起工人施工的不规范或不符合工程验收标准致使质量事故或者安全事故发生,严重影响施工进度,从而对整个项目的工期产生大的影响。因此,在施工方案编制和项目管理人员沟通协调过程中,可以适当借助新型技术,以提高施工方案的合理性、保障施工工期之间的弹性时间,增加项目管理人员的管理手段,以提高项目管理能力和施工技术交底能力,保障工人施工按照施工交底要求施工,减少质量问题和安全问题,以降低影响施工进度的风险。

人员组织安排、设备进场时间、材料进场时间和施工工序安排作为 DEMA-TEL-ISM 模型的顶层元素,是影响施工进度直接的因素,也是导致施工进度延误的直接原因。其中,人员组织安排不合理和材料设备没有按照预定时间到场,导致施工无法按照施工计划进行,从而延误施工进度,而施工工序安排不合理也与上述3个因素有相同的结果。施工顺序安排和工序之间搭接不合理,直接导致施工进度的滞后。为避免人员组织安排不合理、材料设备进场时间不准时和施工工序安排不妥当而对矿山建设工程的施工进度产生影响,应事先对施工过程中可能出现的风险因素进行分析,做好预控和防范措施,并利用新技术等对施工组织计划进行预演与优化,以保障矿山建设工程的施工过程如期进行。

三、矿山建设工程施工进度关键风险因素分析

中心度是判断风险因素重要性的参数,可根据中心度 m_i 的值来突出风险因素间的相对权重。中心度越大说明该因素对施工进度风险影响的程度越大,风险性越高。原因度 r_i 是各因素之间相关程度的体现,原因度的值越大表示该风险因素对其他风险因素的影响程度越大,说明该因素对系统的影响越关键。

矿山建设工程施工进度风险因素的重要性程度从大到小排列依次为施工方案、费用超支、安全事故、施工工序安排、质量事故、施工规范性、工人作业水平、人员组织安排、施工技术、技术交底、项目资金、装备水平、安全进度质量重视权重、施工前准备、设计方案、沟通协调、设备进场时间、设计变更、材料进场时间、地质勘察、新技术的应用、组织机构健全程度、复杂地质条件、恶劣天气环境、不可抗力、组织流程、项目管理人员水平、行业标准规范、宏观政策变化、宏观经济形势。

根据风险因素的分布区域和综合对比各风险因素的中心度与原因度绝对

值,确定矿山建设工程施工进度风险因素系统中14个关键因素,包括7个原因因素和7个结果因素。关键因素有行业标准规范、项目资金、不可抗力、恶劣天气环境、复杂地质条件、施工方案、施工规范性、技术交底、费用超支、质量事故、安全事故、施工工序安排、项目管理人员水平、新技术的应用。

四、面向BIM的施工进度风险因素耦合分析

通过对矿山建设工程施工进度风险因素间作用机理的分析,明晰各因素之间的影响关系、影响权重以及影响施工进度的关键风险因素,对BIM技术的应用现状进行分析,借助BIM技术的优势解决影响矿山建设工程施工进度的重大风险因素。虽然BIM技术是工程建设过程中先进的项目管理工具之一,但是任何一种工具都不可能解决一切问题,也不可能对影响施工进度的一切风险因素进行管控。因此,首先将现阶段国内外有关BIM的应用点进行剖析与分类,然后将其与上文施工进度风险因素集中的各因素进行适用性耦合分析,最后一步筛选出可用BIM技术进行有效管控的矿山建设工程施工进度风险因素。

(一)依据BIM解决施工进度风险的优势

现阶段,国家发展和改革委员会、能源局等八部委提出的"煤矿智能化"正在如火如荼地推进,"新基建"的加速布局为矿山智能化建设带来了前所未有的机遇。"BIM"一词作为我国建设智能化的代名词之一,相关政策、标准、规范和软件应用体系相继推出,在建筑行业的应用也已取得了良好的效果,解决了一系列工程管理问题。基于BIM的矿山建设是煤矿智能化在建设阶段的良好体现,实现矿山工程建设阶段智能化是打通矿山工程全生命周期数字化、智能化的前提条件,为矿山建设工程管理提供了新的方法和思路,为矿山建设工程各阶段的项目决策提供了有力支持。

矿山建设工程往往存在地质条件复杂、建设周期长、投资大、界面复杂、组织关系多等特点;传统2D图纸表达中常存在设计意图模糊不清、对管理人员专业素质要求较高、不同专业间协调性差等问题,容易导致现场施工误差,工程变更、工程返工等问题出现,从而影响施工进度。

BIM技术相较于传统的使用2D技术进行工程项目管理具有明显的优势,如将2D设计信息3D可视化、工程数据的可追溯性和可延展性等。在进行矿山建设工程施工时,传统的矿山工程进度管理通常是在进度产生严重偏差后,再进行事后补救的项目管理方式。使用BIM的最大意义就是将矿山建设工程通

过采用模拟分析等方式将风险管理前置化,将影响施工进度的风险因素从根源进行控制,防患于未然。

(二)面向 BIM 的施工进度风险因素筛选

BIM 更多用于解决技术类和管理类的相关工程问题,而在矿山建设工程施工进度风险评价指标体系中的风险因素,除技术风险和管理风险外,还有宏观风险、自然风险和组织风险。这些风险主要由国家宏观政策和社会经济环境所导致,或者由自然条件等无法人为调控的风险因素所引发。这些因素是无法通过 BIM 手段进行解决,基于 BIM 的施工进度风险管理方案中将不再提及。因此,3 类因素导致的施工进度风险问题,将根据风险传递路径采取间接控制的手段来减轻这些因素导致的进度滞后问题。

为明确现阶段可通过 BIM 技术解决的矿山建设工程施工进度风险,将 BIM 应用点与施工进度风险因素进行耦合分析。其中,"O"代表无法使用 BIM 技术解决该进度风险;"V"代表可以使用 BIM 技术解决该进度滞后风险。

地质勘察、施工技术和装备水平所对应的纵向列数据均为"O",说明应用 BIM 技术无法解决以上 3 种风险因素。究其本质是由地质勘察这一风险点主要与勘察单位本身技术水平或是勘察人员素质等导致的。施工技术和装备水平同理,与施工单位本身的施工技术和装配水平相关。这类风险因素是由施工单位本身的条件引起的,BIM 技术无法解决勘察施工单位本身存在的问题,只能在招标的时候对勘察、施工单位本身的资质条件和项目经验等进行严格审查,极力避免此类风险的发生。

综上,除上述做出特殊说明的风险因素不适合使用 BIM 技术对其进行风险管理外,其余风险均可使用 BIM 进行风险管理,可以将这些元素组合构成面向 BIM 的施工进度重要风险因素集。

五、施工进度风险因素传递路径及作用机理分析

矿山建设工程施工进度风险因素的层次结构、影响权重、关键风险因素、作用路径以及面向 BIM 的重要风险因素集。

宏观政策和经济环境变化、组织机构、地质及恶劣天气环境和标准规范的改变是引起施工进度风险的 4 个源头区域。这些因素中的大部分因素也是关键因素,在对施工进度风险作用时占有主要权重。同时,这些因素作为源头因素,会沿着既有路线对风险进行逐级传递,形成不同的风险传递路径,直至传递至矿山建设工程施工进度风险终端。

如在复杂地质环境风险传递链中,源头因素可通过不可抗力、复杂地质条件、恶劣天气环境地质勘察准确性→设计方案→设计变更→施工方案→技术交底—工人作业水平→质量事故→人员组织安排→施工工序安排→进度延误;不可抗力、复杂地质条件、恶劣天气环境→地质勘察准确性→设计方案→设计变更→施工方案→技术交底→工人作业水平→安全事故→施工工序安排→进度延误;不可抗力、复杂地质条件、恶劣天气环境→地质勘察准确性→设计方案→设计变更→施工方案→施工工序安排进度延误等45种路径方式对风险进行传递。

由上可知,矿山建设工程施工进度风险因素是处于一个实时动态变化而又复杂的系统之中。在整个系统中,所有因素均具有稳定联系但又处于不稳定变化的状态之中。施工进度风险因素之间作用关系错综复杂,通过 DEMATEL-ISM 模型可以得出风险因素所处的层级结构,并且明晰每一层级的因素对上级因素产生的直接影响权重。同时,通过 DEMATEL-ISM 模型还可以得出,矿山建设工程施工进度并不是由所有因素直接作用而产生的进度延迟,而是通过不同的路径,通过层层传递,最终导致矿山建设工程施工进度问题。

第三节　基于BIM的矿山建设工程施工进度风险管理方案

在明晰矿山建设工程施工进度风险因素作用机理及风险传递路径后,本研究提出一套基于BIM技术的矿山建设工程施工进度风险管理方案,解决影响矿山建设工程施工进度的关键风险点,阻断影响施工进度的风险传递路径,以期有效防范矿山建设工程施工进度风险发生,按期完成工程施工计划,早日投产[①]。

一、基于BIM的矿山建设工程施工进度风险应对的原则与思路

(一)施工进度风险应对的原则

为保证基于BIM的矿山建设工程施工进度风险应对方案具有切实可操作性,适用于煤矿建设工程实际项目的进度风险管理,进度风险应对方案按照项目发展的时间顺序进行,具有时间维度,遵循科学性、整体性、动态性和适用性的原则。

1.科学性原则

科学性是风险应对方案制定的根本原则,是风险应对方案制定的基础。基于BIM的矿山建设工程施工进度风险应对方案必须依照科学理论依据,在一定程度上降低矿山建设工程的施工进度风险。此外,风险应对方案的各个组成部分也应具有科学性,从本质出发改善施工进度风险管理水平。

2.整体性原则

矿山建设项目是一个系统工程,应遵循整体性的原则。基于BIM的矿山建设工程施工进度风险应对方案应紧紧围绕着矿山建设项目这一整个系统进行,按照空间维度和时间维度提出矿山建设工程的施工进度风险应对措施。

3.动态性原则

施工进度风险是伴随着项目发展可能对项目产生的影响。因此,施工进度风险应对方案必然要秉持动态性的原则,在项目发展过程中收集人员、机械、材料、环境等信息,集成于BIM模型,项目进程对施工进度风险进行动态把控,对

①王飞,赵秀梅,张瑞英,等.BIM技术下工程项目施工风险研究[J].科技创新导报,2015,12(31):68-69.

项目进行过程中可能产生的风险因素进行预警,减少影响施工进度的风险因素,以保证项目按照计划进行。

4.适用性原则

基于BIM的矿山建设工程施工进度风险管理方案应具有实操性,应考虑到BIM的各项应用与操作是切实适用于矿山建设项目,使施工进度应对方案可以落地实施,最终降低施工进度风险。

(二)施工进度风险应对的思路

施工进度风险应对思路源于"WBS-RBS-BIM三角概念模型"。其中,将RBS与WBS相结合,可以组成RBM,用来识别项目风险;将WBS与BIM相结合,再将风险通过特定规则与BIM链接,形成4DBIM风险管理模型。

本研究基于"WBS-RBS-BIM三角概念模型"理念和科学性、整体性、动态性与适用性的风险应对原则,提出基于BIM的矿山建设工程施工进度风险应对方案的整体思路。

基于BIM的矿山建设工程施工进度风险管理思路主要包括:施工进度风险管理模型构建、模型应用和保障措施3个模块。

1.施工进度风险管理模型的构建

对项目资料和项目施工过程中的动态工程数据进行分析,识别可能存在的进度风险因素,对因素间的作用机理进行分析后,构建进度风险模型。同时,在完成进度风险因素作用机理分析后,将新识别的风险因素集成于风险因素集,结合企业过往的项目经验,形成本企业关于进度风险的知识库。

2.4D BIM模型构建

将勘察资料、设计资料、材料设备资料等与项目有关的信息集成于BIM模型,形成3D BIM模型,加之施工进度信息,形成矿山信息模型(4D BIM),作为施工进度风险管理模型基础。同时,在施工过程中,发生的工程信息变更,也应及时更新至BIM模型中,保证BIM模型与现场信息保持一致,保证风险管理模型的实时性与准确性。

3.进度风险管理模型构建

将施工进度风险模型与矿山信息模型集成,构建矿山建设工程施工进度风险管理模型。集成后的施工进度风险管理模型是整个方案的核心,在风险管理模型的基础上进行后续的施工进度风险管理应用。

4.模型应用

基于 BIM 的施工进度风险管理模型主要应用于设计方案优化、施工方案优化、可视化施工交底、精细化施工进度管理、基于 BIM 的协同工作 5 个模块,利用 BIM 模拟化、可视化、集成化等优点,通过减少因安全、质量、成本等风险导致的进度延误,因沟通协调存在偏差、施工方案不合理、技术交底不彻底等引起施工进度偏差等问题,降低矿山建设工程施工进度风险。

5.外部保障

基于 BIM 的施工进度风险管理方案的有效实施需要管理者的充分支持,首先,组织中应设有与 BIM 相关的人员和与 BIM 应用相关的流程,加大专业人员的投入等;其次,资金投入是管理方案良好实施的又一必要条件;最后,保证管理方案的实施效果,不能缺少监督机制。因此,在方案实施过程中需加强监督,做好进度风险的预控。

二、基于 BIM 的施工进度风险管理模型构建

(一)施工进度风险模型构建

施工进度风险模型是施工进度风险管理模型的基础。施工进度风险模型采用 WBS-RBS 的方法对风险因素进行识别。首先,对项目流程的工作结构进行分解,紧接着结合企业过往项目经验和本项目的项目资料,按照项目发展的时间顺序对可能产生的进度风险进行预判,形成 RBM。RBM 是风险因素作用机理分析的基础。对风险因素进行归纳和因素间作用机理分析后,明晰了因素间的作用关系与作用路径。将风险分解矩阵 RBM 中每一工作单元存在的风险因素按照因素作用机理分析结果进行抽取与排列,绘制工作单元风险传递链,形成具有时间维度的矿山建设工程施工进度风险模型。

知识管理是企业发展的重要手段。因此,在本进度风险管理方案中,增加 BIM 案例知识库和施工进度风险集的模块,用以存储企业 BIM 应用案例的相关经验和施工过程中出现的有关于施工进度的风险因素,为后续煤矿企业的新建、改建、扩建等项目提供了施工进度风险管理经验。

(二)矿山信息模型构建

1.BIM 软件选择

随着 BIM 技术在全球范围内的快速发展,国内外关于 BIM 建模软件也越来越多。目前,有关 BIM 建模的主流软件主要有 Revit、Civil 3D、Bentley、Tekla 等,

关于4款主流软件的功能特性及适用范围的分析如表6-1所示。

表6-1 主流BIM软件功能特性及适用范围

软件名称	功能特性	适用范围
Revit	参数化建模、设计可视化、协同工作	工业民用建筑等
Civil 3D	道路设计、土方计算、地理空间分析	场地和道路桥梁
Bentley	参数化建模、大体量建模	基础设施
Tekla	3D钢结构设计、结构分析等	钢结构

根据2020年国家标准局《十周年BIM应用报告》对BIM软件使用调查结果显示,有50%的调查者选用Autodesk Revit(Architecture/Structure/MEP)作为BIM建模软件。Revit软件具有参数化建模,可任意创建所需构件,机电设备等建模更为成熟,且与之配套的BIM应用软件更为广泛等优势。矿山信息模型主要包含井巷模型、机电设备以及地质信息、工程信息等,相较于其他软件,Autodesk Revit软件更擅长建构筑物的创建和数字信息存储。因此,Autodesk Revit软件更适用于矿山信息模型的BIM模型构建工作。

2.BIM模型构建方式选择

各方协作是BIM的突出优点之一,有多种可供选择的工作方式。选择Revit软件作为矿山建设工程主体结构的BIM模型构建软件,选用的重要原因之一在于其可选的协作方式多,常用的协作方式主要为工作集模式和链接文件模式两种。

(1)工作集模式

工作集模式是指各专业建模人员基于一个共同的中心文件,将各自完成的本地模型同步于中心文件的一种工作方式。其优点在于各方可以同时工作,完成的BIM模型会实时更新到中心文件中,工作沟通具有即时性。但工作集模式的使用具有一定的局限性:其一,BIM建模人员需要在同一个局域网中;其二,中心文件需存储至中心服务器,此中心服务器对硬件要求高,需要较大的资金投入;其三,中心文件的更新需要保证网络的通畅性,一旦出现网络延迟或者网络断开的现象,建模人员的个人文件无法及时通过网络传输至中心文件,对其进行更新。这种情况会大大影响中心文件的准确性,导致基于BIM平台的沟通出现差错。

（2）链接文件模式

链接文件模式是指通过链接外部文件,将各专业的BIM模型进行整合的一种模型合并方式。采用此种模式需要预先设定统一的项目基点和建模规则等,以保证后期各专业模型合并的精确性。通过链接文件模式进行模型整合的主要优点:其一,不受网络的影响,可以单机作业;其二,使用建模人员本身的硬件设备即可,无需投入大量的资金。但与此同时,采用此种模式构建模型通常会面临多次合并,模型无法实时更新,可能存在影响实时沟通的情况出现。同时,需要对BIM模型的各个版本进行精确记录,避免多次合并模型版本的混淆,影响模型的准确度。

在矿山建设工程中,由于地下工程施工的特殊性,经常需按照串联顺序对其进行施工,同时更关注如何降低矿山建设工程施工进度的风险,对影响施工进度的风险因素进行预判和预控,能否实时更新不是重要关注点,而且模型的更新速度可以通过人为控制。

3.矿山信息模型的创建

（1）建模规则及构件信息编码

矿山建设工程构件繁多,信息复杂,明确建模规则和构建信息编码规则是完成矿山信息模型创建的必要工作和基础,同一项目应具有一定的建模规则。

建模规则是指矿山信息模型构建过程中,建模人员、模型应用者、企业管理者等均需遵循的一套标准规则,使矿山信息模型可以统一存储、统一调用等,尤其是应用链接文件模型对模型进行整合时,对模型的统一标准要求更为苛刻。在矿山信息模型的建模规则主要包括模型拆分规则、模型文件夹命名规则、过滤器色彩规定和模型几何表达精度。

构件信息编码是指对组成模型的各个构件,按照企业统一规定的或者在项目开始之前预设的统一标准,以实现矿山信息模型的快速构建和精确查询。笔者按照建筑构件A、结构构件S、给排水构件P、暖通构件N和电气构件E5种类型,建立矿山建设工程BIM模型构件五级编码体系。

矿山信息模型BIM构件编码体系分为五级:一级编码为单位工程名称,如立井井筒、巷道等;二级编码为模型的专业代码,如结构构件、给排水构件、暖通构件等;三级编码为构件类型,如基础、墙等;四级编码为族类型,如管道弯头,铸铁管等,五级编码为构件在图纸中对应的编号和（或）尺寸,如KL-1、J1、500×800等,编码位数为图纸给出的构件编号位数。其中,对于结构构件的命名,在四级代码中将族类型改为围岩类型,将地质信息与BIM模型融合,使项目管理人员在BIM模型中即可查看构件所对应区域的围岩类型或围岩等级等。在具体的案例应用中可以适当地增减某些信息,但要确保矿山信息模型中所对应的BIM构件编码是唯一的,且与图纸中的构件编号保持一致,方便模型的检验与构件的快速定位。

(2)矿山建设工程基础族库构建

BIM模型是按照工程图纸规则由各种基础构件族组成的数字化组合。因此,在构建矿山信息模型之前,首先需要对图纸进行梳理与归纳,完成各种构件的基础族库基本样式建立;其次,BIM模型是参数化信息的集合,要在构建基础族库时即为族构件添加参数化信息,为BIM模型的组建奠定基础。

笔者以巷道族的建模过程为例说明,其他矿山信息模型中的BIM族构件的构建过程不再一一赘述。由于巷道的断面形式与地质情况密切相关,且矿建工程所处的地质环境往往是复杂多变的。这就导致同一个矿山建设工程可能存在多种类型断面形式的巷道。

巷道族的建模方式通常有两种:一种是采用直接放样的形式创建,在放样轮廓这一步骤中采用绘制巷道断面的方式;另一种是预先构建好轮廓族,再将轮廓族作为嵌套族导入巷道族文件中再进行放样。构建巷道族时采用第二种方式,原因是采用这种方式可以对轮廓族设置参数,参数化后的轮廓族可以重复利用,且构建过程更为高效。三心拱巷道族构建步骤如下。

第一步:新建族文件。选择族样板文件——公制轮廓.rft,构建三心拱形断面巷道族的嵌套族文件。

第二步:导入图纸。将已经拆分的CAD图纸/pdf文件/图像插入族文件,作为绘制断面轮廓线的底图,使轮廓绘制过程更加准确和高效。

第三步:族构件参数化。为三心拱形轮廓族添加尺寸参数,使轮廓族具有通用性,仅需对尺寸标注的参数进行修改即可在不同项目中使用。

第四步:新建公制常规模型族文件,选择放样命令,绘制放样路径也即三心拱形断面巷道的走向,接着载入嵌套族文件"三心拱轮廓.rft",完成三心拱形巷道族文件的绘制。

(3)矿山信息模型构建

在明确矿山信息模型的建模规则和完成基础族库的构建之后,即可使用Revit软件对整个矿山建设工程进行信息模型的构建。一般情况下,Revit模型的构建顺序为结构信息模型、建筑信息模型、机电工程信息模型等。地质信息在结构信息模型构建过程中使用参数化信息进行标识。

(三)基于 BIM 的施工进度风险管理模型创建

BIM 模型是对设施的数据丰富,是基于对象的参数化与智能化的表示。BIM 模型的许多数据可以从施工现场获得,因此 BIM 模型也是施工进度风险管理的数据提供者。由施工进度风险应对整体框架可知,在 3D BIM 模型基础上,融合施工组织与进度计划和施工进度风险模型,即可形成基于 BIM 的施工进度风险管理模型,借助此模型可以直观、高效地模拟施工进度、进行虚拟建造等,识别施工进度风险的位置,预知施工过程中存在的进度风险,为基于 BIM 的施工进度风险管理提供风险数据。

1.施工进度风险管理模型构建方式的选择

BIM 的发展离不开信息技术及体系软件的支撑,信息技术快速发展和软件的高效开发推动了 BIM 的持续发展和高速发展。目前,国内外相对主流的 BIM 应用软件有 Autodesk Navisworks、Bentley ProjectWise、广联达 BIM5D、品茗 PBIM、鲁班 BIM 系统平台、Fuzor 等。

在以上几款软件中,Bentley ProjectWise 一般用于 Bentley 系列的各款软件之间的交互,与上文构建矿山信息模型的 Revit 软件交互性差。广联达 BIM 5D、品茗 PBIM、鲁班 BIM 系统平台这 3 款 BIM 应用软件,是国内开发商开发的适用于我国国情的 BIM 应用软件,但在应用 Revit 构建的 BIM 模型时,需要预先将 rvt 格式的文件转换至其他格式再导入平台,进行软件平台预设的各种项目管理应用,在格式转换过程中可能存在丢失部分数据的风险。Navisworks 和 Fuzor 是可以与 Revit 进行直接交互性,可实现数据的无缝传输。在实现基于 Revit 模型的施工进度模拟、碰撞检测、场地布置模拟等功能都具有较成熟的模块,但 Fuzor 具备全功能的旗舰版软件价格相较于 Navisworks 价格更高。因此,本研究选用 Autodesk 公司的 Navisworks 软件创建基于 BIM 的进度风险管理模型。

2.施工进度风险管理模型构建流程

Autodesk Navisworks 软件是将 3D BIM 模型与 RBM 风险矩阵有效结合,形成 4D BIM 进度风险管理模型。Navisworks 软件在导入主井与水平井底车场 BIM 模型后的工作界面,其中的选择树和 Timeliner 中名称对应一栏均为 WBS,在 Timeliner 工作栏中添加进度信息、设备信息、成本信息等,并将项目信息绑定至选择树中的构件,与 BIM 构件形成一一对应的关系,即可形成基于 BIM 的进度风险管理模型。

基于 Autodesk Navisworks 的工作原理,按照以下流程构建基于 BIM 的矿山建设工程进度风险管理模型:首先,从 Revit 软件中导出 *.nwc 文件,并使用 Navisworks 软件将其打开;其次,在 Timeliner 界面中添加原始进度计划和成本信息等信息,在项目进行过程中将实际开竣工时间不断更新至 Timeliner 界面对应的信息栏目中;再次,按照施工计划,将选择树中的构件与 Timeliner 界面中对应的进度信息进行附着,形成映射关系;最后,在配置栏目中设定工期超前和滞后的色彩样式,用以提示现阶段进度情况和存在的进度风险等。

随着项目的不断进行,项目信息也越来越多,需要将过程信息进行收集并与项目链接,形成完整的项目进度风险管理模型,为矿山建设工程全过程的施工进度风险管理提供支持。Navisworks 支持多种格式的链接。

三、基于BIM的施工进度风险管理模型的应用

(一)设计方案优化

设计方案的合理性与项目施工方案的拟定和后续工程施工中的设计变更息息相关。良好的设计方案可以抵消因设计错误、设计不合理等设计问题导致的设计变更、成本增加、进度滞后等问题。因此,在施工之前,对设计方案进行优化,对设计不合理之处进行修正,可以降低在施工过程中的一系列引起进度偏差的风险。

传统的平面设计图纸识读对项目管理人员专业水平要求高,且由于2D平面图纸缺少空间信息,这就导致了各专业在3D空间中可能存在的碰撞、重合等问题却无法在设计方案审查时被发现。尽管项目不乏经验丰富的技术人员,但仅通过叠图或者在脑海中空间想象的方式,是无法全面识别缺乏空间信息的2D图纸存在的问题。BIM技术的出现恰好解决了因在项目开工前设计不合理问题发现得不及时而导致施工过程中的种种变更。在项目开工之间,通过基于BIM的风险管控模型发现设计方案中的错、漏、碰撞、不合理等问题,设计单位基于设计不合理汇总清单对不合理之处进行修改,优化设计方案,减少施工过程中的设计变更,降低因设计方案不合理、设计变更等风险问题导致的施工进度延后。

(二)施工方案优化

施工方案是对整个矿山建设过程的人员、材料、机械设备、资金、技术和工

艺流程的全面安排,是保障矿山建设工作按照设计图纸和工程要求施工的必要条件。施工方案的合理性是矿山建设项目按照既定时间完工的关键影响因素之一。因此,在施工之前,对施工方案进行优化是保障项目顺利施工的重要措施。

传统的施工方案优化是在项目开工之前,对施工现场进行实地踏勘,根据地质勘察报告、设计图纸、项目特点、工程建设目标等资料,考虑进度、质量、成本和安全几大管理目标,对项目工作进行结构分解、厘清多个活动之间的逻辑关系和对施工进度参数进行定义,制定多个备选施工方案,然后组织专业人员对施工方案进行讨论和比选,最终确定施工方案。传统施工方案的比选与优化对项目管理人员的专业知识和项目经验要求高、依赖大,而矿山建设工程与复杂地质构造密切相关,施工周期长、风险高、变数大,存在众多不确定性,传统施工方案基于 2D 施工方案和平面设计图纸,属于线性计划,无法生动地展示施工工序之间的逻辑关系。这就导致了在施工方案比选时,无法发现施工中可能存在的细节问题。尤其对于矿山建设工程这种大型的工程项目,工序繁多,采用传统的施工方案比选方式,大大增加了矿建施工的进度风险,最终导致项目无法如期交工。

BIM 技术的出现解决了项目一次性的困境,利用 BIM 的虚拟性特点可以很好地解决传统施工方案优化及方案比选的弊端。在项目开工之前,对施工方案预演虚拟建造,对施工方案进行优化,降低施工过程中的进度风险。

在对施工方案的优化之前,第一,在 Navisworks 软件中,利用施工进度风险管理模型对已确认无误的设计内容进行碰撞分析,根据碰撞结果分析是否存在设计问题,如若存在设计问题,则需设计单位结合碰撞分析报告对设计图纸进行修改或优化,通过此步骤可以降低施工过程中由于设计不合理导致的设计变更,最终引起的进度延误风险;第二,在确保设计图纸专业间构件无碰撞后,结合现场条件、地质条件、设备材料供应等内容,按照施工方案对矿山建设工程进行虚拟建造,并对施工流程进行分析,发现施工方案不合理之处,进行往复模拟分析与方案修改,直至确定最适合本项目的施工方案。

基于 BIM 的施工进度风险管理模型不但可以对施工方案进行优化,还可以对设计结果进行检验,无需大量人力与物力,即可对已完成的设计图纸和施工方案进行模拟分析与优化,直观地展现设计成果与各个单位工程的施工流程,为项目管理人员施工方案优化提供依据。同时,项目管理人员可以在虚拟建造过程中,发现施工流程的不合理之处,发现项目施工过程中存在的进度风险;在对施工方案优化时,提出针对性的进度风险管理方案,减少工程变更和由于施工方案不合理导致的一系列影响,降低在实际施工过程中的进度滞后风险,保障矿山建设工程的施工任务按时完成。

(三)可视化施工交底

在对施工进度风险因素的分析发现,人员素质是影响矿山建设工程施工进度的重要风险因素。施工不规范、管理人员经验匮乏、三维空间想象能力差、新技术得不到快速推广、基于 2D 图纸沟通协调偏差大等原因,都是项目施工过程中可能导致进度滞后的风险因素。急切需要引入新的管理手段对这些问题进行解决,BIM 技术的 3D 可视化的相关应用恰好可以解决这些影响施工进度的风险因素。

基于 BIM 的施工进度风险管理模型结合虚拟现实设备和施工工艺演示动画,是项目管理人员进行 3D 可视化交底的良好工具,对即将施工的工程内容进行施工工艺、工法演示、使用虚拟现实设备对施工作业步骤进行操练、对机械设备的使用方法和保养方法进行动画演示,也可以对即将完成的施工成果预先展示,让施工作业人员对作业成果做到心中有数。同时,借用 BIM 模型的 3D 可视化功能,对施工作业人员进行专业能力培训,不仅可以提高作业人员的施工规范性,也可以增加企业自身施工作业人员的素质和能力;不仅在施工中降低由人员素质低引起的施工进度滞后风险,还可以为企业的人员整体素质提升和工程质量保证奠定了良好的基础。

(四)精细化施工进度管理

良好的施工进度管理手段是抵抗施工进度滞后风险的有效措施。传统的矿山建设工程的施工进度管理主要应用横道图、网络图等手段,在 2D 平面中借助项目管理人员经验对施工进度计划进行编排与施工过程的管理,存在项目信息严重缺失、对施工进度计划潜在冲突无法预先识别、无法对实时的施工进度现状跟踪管理与分析等问题。

基于 BIM 的矿山建设工程施工进度管理具有实时性、协同性和参数化等特点,基于 BIM 的施工进度风险管理模型进行精细化施工进度管理的内容主要包括以下 3 项。

1.施工进度计划预演

利用 BIM 的可视化与可模拟性功能,借助 Navisworks 软件生成的施工进度风险管理模型,按照进度计划将年、月、周、日的工作内容与 BIM 单元进行链接,点击界面中的"模拟"按钮,即可按照施工组织方案中的进度计划进行施工进度计划预演。项目管理人员通过对预演过程进行施工进度计划方案分析,对施工进度计划中不合理的工期数进行调整与优化;与此同时,还可以借助进度计划预演的结果精确制定材料、设备的进场时间,保障施工进度,降低施工过程中因为进度计划工期设置不合理和材料设备进场时间不准确而导致的施工进度延误风险。

2.施工进度偏差分析

基于 BIM 的施工进度风险管理模型将进度信息与 BIM 模型进行交互,可以辅助矿山建设工程的施工进度管理和对施工进度偏差进行分析。在施工过程中,通过在 Navisworks 软件的 Timeliner 界面输入施工进度计划中最小工作单元的实际开完工日期,在 Quantification 界面计算当日工程量和成本,形成与实际施工过程相对应的施工进度风险管理模型,将"孪生"施工进度风险管理模型与开工前的基于设计图纸与施工方案的"计划"施工进度风险管理模型进行对比分析,实时跟踪施工的进度现状,与计划进度相比是滞后还是超前,借助风险管理模型找出实际施工与计划施工内容的差异,分析导致矿山建设工程施工进度偏差的原因,为项目管理人员提出针对性进度偏差解决方案提供原因依据和为后期的工程建设过程避免类似进度偏差提供经验借鉴。

3.施工进度风险预警

矿山建设工程的项目完工时间与其生产效益紧密相连,因施工进度滞后导致的煤炭开采时间延迟增加了项目的时间成本,相当于降低了项目收益。因此在施工过程中,要严格把控施工进度,尽可能减少导致施工进度延误的各种风险或降低导致进度延误的各种风险出现的概率。

借助基于 BIM 的施工进度风险管理模型,对关键路径和关键任务节点设定进度延误预警。当施工任务实际工期严重脱离计划工期,超出进度风险预警值时,被影响的后续工程内容变成橙色;严重影响后续工期的施工内容将变为红色,并以消息提示框弹出的形式警示项目管理人员。项目管理人员在看到预警提示后,追溯施工进度风险管理模型中的进度过程信息,借助 BIM 模型分析进度偏差原因,从而提出合理的后期施工进度保障措施。

(五)基于BIM的协同工作

在矿山建设工程项目进行过程中,经常会发生项目参与各方之间的矛盾问题。这些问题出现通常通过召开接口会议进行协调,找出问题的解决方案。但是这类问题发生的频率相对较高。如果每次都是开召集会议,不仅浪费时间,还浪费很多资源。而且传统的2D设计图纸具有复杂难理解和专业性高等特点,在沟通上具有一定局限性,又因为不同的管理人员经验和技术水平参差不齐,导致不同项目管理人员在沟通时无法站在同一水平高度进行交流。这就导致了各方对设计图纸的解读深度不同,理解存在偏差等现象,问题解决与预期计划存在差异,从而导致施工质量不合格、返工等现象发生,延误施工进度。

BIM技术的出现恰好为项目参与各方提供了新的"平等"沟通方式,将2D图纸转化成3D信息模型,使各专业被整合成一个相互关联的逻辑系统,以3D信息模型为媒介,为项目各参与方提供交流沟通以及协同工作的平台,改变了矿山建设工程传统单兵作战的工作模式,将异步的、松散联系的项目参与各方的工作方式转化为同步的、紧密联系的协同工作方式,解决了因经验偏差、管理水平偏差引起的交流信息不对称等问题,加强了专业问题的沟通深度,降低了因沟通协调不畅导致的进度风险。

四、基于BIM的施工进度风险管理的保障措施

基于BIM的施工进度风险管理方案的有效实施离不开保障措施,在此之前已经完成对矿山信息模型和施工进度风险管理模型的构建,并且说明了如何应用施工进度风险管理模型进行施工进度风险管理。接下来,笔者将从组织保障、投入保障和监督反馈体系3个方面出发阐述基于BIM的施工进度风险管理方案良好实施的保障措施。

(一)组织保障

建立和健全基于BIM的组织架构和组织流程是保障矿山建设工程施工进度风险管理方案和企业长期应用BIM技术的必要措施,健全的BIM组织架构可以为企业BIM应用提供专业支持,完善的BIM组织流程可以保证施工进度风险管理方案的高效应用。

1.基于BIM的组织架构优化

矿山建设工程建设规模大、施工周期长,施工过程中受到众多不确定因素的影响。大多数的施工进度风险管理依旧还是按照传统方式,依赖于项目管理

者的项目经验,组织架构长久不发生改变。在引入BIM后,人员分工和组织流程将会发生明显改变,因此需要对原组织架构进行优化。

组织架构的优化可以采用两种方式:其一是通过在传统组织架构基础之上,新增BIM相关管理部门,BIM以嵌入的形式融入原有的组织架构;其二是将组织架构重新组织划分,将BIM相关人员融入重新划分后的各个部门。方式一可以看作首次引入BIM至企业的组织架构再造的过渡形式,是方式二的基础。两种方式都可以有效实现基于BIM的施工进度风险管理方案的良好实施。

2.基于BIM的组织流程优化

基于上文的矿山建设工程施工进度风险管理方案可知,矿山建设工程施工进度风险管理模型是管理方案的核心内容,而完成风险管理模型的前提是BIM模型的构建工作。在现阶段,BIM模型的来源通常是设计单位构建、委托咨询单位构建和建设单位自行组织构建3种。无论是采用何种方式,原有的组织流程已经不再适用引入BIM后的管理流程,因此需要对原有组织流程进行优化。

对进度管理的流程进行优化的具体方式:首先,在原有进度计划审批阶段加入BIM进度计划模拟过程,对模拟结果进行分析,如果原有进度计划合理,则按照既有进度计划实施,如若进度计划不合理,应将原有进度计划进行优化设计,再进行进度模拟,合格后方可实施;其次,在施工过程中,增设实际进度信息录入矿山建设工程施工进度风险管理模型流程,将实际进度与计划进度进行对比分析,辅助寻找进度偏差原因,对不可控的进度风险提出对应措施方案,及时修正进度偏差;最后,在项目结束后,增设矿山建设工程施工进度风险管理模型应用结果分析,将全过程的进度风险管理数据收集至企业进度风险知识库,形成基于BIM的进度风险管理知识体系,为企业后续项目的施工进度风险管理提供宝贵经验。

(二)投入保障

投入保障主要包括资金投入和人才投入。其中,资金投入包括购置BIM应用所需的软硬件设备、BIM人才引进需要的花销等。人才投入不但包含从外界引进BIM相关人才,还包括对企业自有人员的培养。

1.BIM应用软硬件购置

不同规模的BIM应用软件对计算机性能要求不同。矿山建设工程施工进度风险管理模型的构建软件主要为Revit和Navisworks,需要对软件进行购买。同时,需根据Autodesk公司官网对软件所需的计算机配置要求进行硬件设备的购置。

2.BIM人才引进与培养

BIM人才是保障企业可以进行BIM应用的必要条件。矿山建设工程BIM人才是指具有识读矿山建设工程相关专业图纸能力、现场管理经验、BIM建模能力、BIM应用能力和企业管理能力的综合性人才,不但熟知本专业知识,而且对BIM应用及BIM的发展前沿趋势有相当的了解,可以为企业级和项目级BIM应用提供支持。

企业BIM人才的引进与培养可以从两个方面进行考虑:一个是通过人才引进措施从外界对BIM相关人才进行引入,另一个是对企业自有的人员通过BIM培训与应用考核后上岗。无论是通过人才引进还是企业自有人才培养,企业都需要对其进行资金投入与时间精力投入,为企业BIM长期应用发展奠定基础。

(三)监督反馈体系

监督反馈体系为基于BIM的施工进度风险管理方案有效实施提供有力保障。保障施工进度和项目按时交工是项目参与各方的共同责任。

建设单位是项目全过程的监督者与管理者,在矿山建设工程中行使业主职责。项目进度与其后期煤矿生产阶段收益息息相关,确保项目进度就是节约时间成本,增加企业收益。因此,在项目建设过程中,建设单位应加强企业BIM人才的培养和管理人员BIM应用培训,建立健全组织机构与组织流程等,定期开展基于BIM的施工进度风险管理效果评价等活动,对BIM的施工进度风险模型应用的错失之处予以指出,责令相关方限期改正,并予以复查,确保基于BIM的施工进度风险管理方案的有效实施。

施工单位作为矿山建设工程项目的执行者,应严格按照项目计划工期实施项目施工活动,此外,应确保在应用矿山建设工程施工进度风险管理模型时,严格按照实施方案进行模型应用,对在虚拟建造过程中发现的进度风险,及时拟定应对方案,并上报至建设单位和监理单位进行审批与备案;在应用基于BIM的施工进度风险管理模型时,对发现的施工方案不合理之处进行及时修改,对施工方案进行优化,确保降低施工进度延误风险,保证项目如期完成。

监理单位作为矿山建设工程实施监督的第三方,应严格履行监理义务,加强对施工过程中各项工程的监督管理,对施工过程中当月产生的进度滞后或超前原因进行剖析,严格按照基于 BIM 的矿山建设工程施工进度风险管理方案制定监理工作流程,增加懂得 BIM 应用的综合性监理人员,对施工过程中施工单位应用的不合理之处及时提出意见,督促其按时整改,确保矿山建设项目可以按照计划的工期完工,早日投产。

第四节 案例分析

一、项目概况

(一)建设目标

L项目隶属于Z公司,位于河南省禹州市,项目智能矿井建设总投资9570万元。结合《河南省煤矿"一优三减"及"四化"建设规划主要内容》和当前国内外相关先进技术,制定了"机械化建设和自动化、信息化、智能化建设"的建设目标。

(二)矿区条件

本项目井田范围东西走向长约18.5 km,南北倾向宽0.70~2.75 km,井田面积约为25.76 km²。井田−690 m水平正常涌水量为947 m³/h,最大涌水量为1140 m³/h。水文地质条件复杂,开采技术条件中等。矿井按照煤与瓦斯突出矿井设计,采用立井开拓方式,即主、副立井和回风立井,单水平上下山布置采区。

(三)施工进度指标

本项目总工期24个月,按照"总体规划、分步实施、因地制宜、效益优先"的原则将项目建设分为两个阶段进行,目前正处于建井阶段。

二、BIM在矿山建设项目施工进度风险管理的应用规划

本项目是由煤矿建设单位发起,委托专业BIM咨询管理单位应用BIM技术改善煤矿建设过程中的施工进度风险管理现状,提升企业煤矿智能化建设水平。

(一)BIM应用整体规划

在本项目中,首先需要建立矿山信息模型,并在此基础上附加项目进度等相关信息,形成基于BIM的施工进度风险管理模型,应用于精细化施工进度管理、施工方案优化和可视化施工交底,全面提高本项目的施工进度风险管理水平,做到按照既定工期完成施工内容。

(二)BIM应用保障措施

基于BIM的矿山建设工程施工进度风险管理方案的良好实施离不开外部保障,在本项目中主要的外部保障措施有以下两项内容。

1.软硬件的配置

为保证项目的顺利开展,需要配备构建矿山信息模型和施工进度风险管理模型的硬件设备和应用软件,应用软件需要配置 Revit、Navisworks 等。此外在对施工交底可视化应用时还需配备虚拟现实设备,包括头戴设备、无线可追踪操控手柄、无线可同步激光定位器等。

2.BIM 技术人员配置

由于本项目是由建设单位委托 BIM 咨询单位为其提供施工进度风险管理 BIM 应用方案。本项目的咨询单位具有多年的 BIM 应用研究与实践经验和工程管理经验,已经形成了较为成熟的 BIM 应用实施团队,包含项目 BIM 应用实施的各个专业人才[①]。

三、基于 BIM 的矿山建设项目施工进度风险管理方案实施

(一)构建矿山信息模型

本项目选用 Autodesk Revit 2020 作为矿山信息模型的建模软件。考虑到矿山建设工程体量大,工程信息多,对计算机硬件设备要求高,为加快建模效率和降低单个文件体量,本项目采用链接文件的工作模式,按照模型拆分标准将 L 项目的 BIM 模型划分为结构、建筑、电气、暖通和给排水 5 个专业。每个专业的模型文件相互独立,各专业 BIM 工程师也可并行作业。

1.创建 L 项目的基础族库

按照矿山信息模型的构建流程,应对本项目的基础族库进行构建,为后续 BIM 模型的快速构建奠定基础。

2.构建矿山信息模型

在创建矿山信息模型时,根据构件信息编码标准对矿山建设工程 BIM 模型的构件进行命名;同时,依照设计图纸对 BIM 构件添加参数化信息。由于本项目整个矿区的施工图纸还未完全完成,仅包括 11 采区的主井井筒、副井井筒、−700m 井底车场和以上区域范围内的部分机电管线设计图纸。

(二)创建基于 BIM 的施工进度风险管理模型

将使用 Revit 软件创建的 L 项目矿山信息模型导出 .nwc 格式的文件,并用 Navisworks 打开,将项目信息及施工进度计划添加至 Timeliner 界面,并通过选择

---

①刘继龙,李成华,蔡斌,等. 浅析 BIM 技术在工程项目进度管理中的应用[J]. 四川建材,2015,41(03):261-262.

树功能将BIM构件与进度计划中的WBS一一映射,形成L项目的施工进度风险管理模型。

(三)基于BIM的施工进度风险管理

L项目基于BIM的施工进度风险管理应用规划,本项目的施工进度风险管理主要从开拓方案优化、可视化技术交底和施工进度偏差分析3个模块的应用展开,具体如下。

1.开拓方案优化

本项目为狭长型井田,采用立井开拓,初级布置3个立井井筒,分别是主立井、副立井和回风立井。3个立井都靠近村庄。全井田划分为5个采区,11采区为首采区,也是研究的项目内容范畴。在本项目中,煤田上方为ZW高铁途经处,需留取部分煤柱。同时,ZW高铁煤柱以西又被地面500kv高压线保护煤柱分割。按照原始开拓方案对矿山井巷工程进行BIM模型构建并进行虚拟漫游后发现,11采区东翼开采时顺槽无效巷道较长,且可以布置的正规工作面较少。因此,本项目需要借助矿山信息模型的3D可视化特性和设计成果虚拟漫游功能对原开拓方案进行优化。

本项目的开拓优化方案有两类4种,分别为高压线不移线小采区方案、高压线不移线大采区方案、高压线移线小采区方案和高压线移线大采区方案。经与建设方交流后,施工人员明确不可对高压线进行移线。因此,只讨论高压线不移线小采区方案和高压线不移线大采区方案。BIM咨询单位对开拓方案进行矿山信息模型构建,再将其导入至Navisworks软件中,利用4D BIM模型对两种开拓方案进行方案模拟。项目参与各方在基于BIM的可视化平台对两种方案进行讨论,在分析了两种方案的初期井巷工程量、投资、建井工期和开采区工作面接替等综合因素,确定采用,高压线不移线小采区方案。

2.可视化技术交底

在本项目中利用BIM3D可视化特性,基于施工进度风险管理模型,在BIM3D可视化平台之上,借助虚拟现实设备和施工建造流程模拟动画对施工方案进行可视化交底与培训,使项目作业人员在施工前对作业内容的流程、工艺工法、施工作业成果和灾难,应急逃生路线等做到了然于胸,降低因为人员素质、安全事故、质量事故等导致的施工进度滞后风险。

施工作业人员了解施工内容的施工工艺、施工工法和施工流程是保障施工质量、施工进度和施工安全的前提。在明晰施工作业流程后,他们应对具体施工部位的施工工艺和整个项目设计成果做出进一步的了解。在本项目中,采用基于3D可视化的施工进度风险管理模型和施工工艺、工法模拟动画相结合的方式,对井筒施工作业流程进行3D展示。项目管理人员利用数字实体建筑和施工作业模拟动画向施工作业人员讲解施工的流程、施工中所使用的施工工艺施工方法、施工过程中施工作业区域所处的围岩信息,应注意何种安全问题等。施工作业人员可直观地看到项目管理人员所交待的内容,不仅增加了施工作业人员的兴趣,还有效弥补了传统"灌输式"技术交底的不足。施工作业人员扎实地掌握了施工规范和施工要领,避免了在施工过程中施工质量不合格导致的返工和违章作业等导致的停工、安全事故等,从根源上杜绝了导致施工进度滞后的风险因素发生。

同时,为了增加井下项目管理人员和作业人员人身安全保障,在施工交底时增加基于虚拟现实设备的逃生路线模拟,井下人员在突遇危险时,按照规划和预演的逃生路线逃生。在救援时,可以基于BIM3D可视化数字矿区可以向救援人员清晰地展示井下人员的所在区域,大大地增加了井下人员的生还概率,减少了因安全事故发生导致的施工进度滞后风险。

基于BIM的施工流程模拟、施工工艺工法模拟作业动画和虚拟现实设备辅助施工技术交底具有明显的优势。首先,基于施工流程模拟展示和工艺工法模拟作业动画的可视化施工交底不受场地和设备限制,可随时随地进行施工技术交底,成本较低;其次,采用3D可视化平台和虚拟现实设备进行施工技术交底,避免了沉闷而又抽象的传统"填鸭式"技术交底方式,增加了施工模拟与作业人员自身的交互性,既提升了作业人员的兴趣,又让他们掌握了施工技术交底的内容,有助于作业人员在施工过程中严格按照技术交底要求进行施工作业,从而减少了返工、盲目施工等现象的发生,保障施工按照计划工期顺利进行。

3.精细化施工进度管理

基于BIM的施工进度风险管理模型的精细化施工进度管理是区别于传统2D平面进度管理的重要管理提升手段之一。在本项目中,首先将施工进度计划与BIM模型构件进行映射绑定,按照计划工期和施工工序对施工进度进行模拟分析,发现不合理的工期设置,对施工工期进行优化。

在施工过程中,将项目的实际开完工日期录入至Navisworks的Timeliner界面的"实际开工"和"实际完工"界面中,同时在系统中设定进度延迟预警值,将进度延迟超过15天的施工内容使用红色标注,提醒项目管理人员施工进度已经严重滞后,需要采取相应措施对滞后的施工工期进行补救。在采取相应措施时,可以利用过程进度信息辅助进度偏差分析,提高进度补救措施的针对性。

BIM技术的应用能够使整个施工过程的进度信息有效集成,对不合理的施工工期设置进行优化,使施工过程中引起进度的问题具有可追溯性。同时,利用Navisworks平台进行施工进度风险预警功能,为项目管理人员的施工进度管理提供了新的管理手段。

四、基于BIM的矿山建设工程施工进度风险管理方案应用价值分析

基于BIM的矿山建设工程施工进度风险管理方案在本项目中具有良好的应用价值,通过引入BIM技术对矿山建设工程的井巷工程进行施工进度风险管理,在井筒施工阶段除去不可抗力影响,各项施工活动均按照既定工期完工,项目管理人员的施工进度风险管理水平显著提升。

1.开拓方案优化的应用价值

在初步设计阶段利用BIM3D可视化与可模拟性,对初步设计中的开拓方案进行方案模拟,发现原始开拓方案存在较长的无效巷道和较少的正规工作面等问题,在项目施工之前,项目参与各方基于BIM3D可视化平台,对不同开拓方案进行模拟,最终确定最优开拓方案,减少了后期的变更,降低了导致施工进度滞后的风险。

2.可视化施工交底的应用价值

采用基于BIM3D可视化平台协助施工单位进行施工技术交底具有良好的实施效果。项目管理人员与作业人员通过BIM平台对设计成果进行沉浸式漫游,对施工过程中关键节点的施工工艺、工法与流程进行着重演示,使施工人员在施工之前对设计成果了然于胸。同时,在施工过程中,作业人员严格按照技术规范与施工方案进行施工,未出现因施工作业质量不符合要求而导致的返工问题,降低了施工进度滞后风险,保障了施工工期。

3.精细化施工进度管理的应用价值

基于BIM的施工进度风险管理模型进行精细化施工进度管理,将过程进度、成本、材料等信息在施工进度风险模型中进行更新,将实际进度与计划进度进行对比分析,协助项目管理人员的进度偏差分析,在后续施工中规避这些导致进度偏差的问题。借用BIM工具和施工进度风险管理模型,为项目管理人员提供新的进度风险管理手段,有效提升项目管理人员的施工进度风险管理能力。

第七章 基于BIM＋GIS的智慧矿山建设体系构建

第一节 智慧矿山建设体系构建

一、智慧矿山的内涵研究

(一)智慧矿山内涵分析

中国智慧矿山联盟在2012年提出智慧矿山的定义,将智慧矿山定义为:智慧矿山就是对生产、职业健康与安全、技术和后勤保障等进行主动感知、自动分析、快速处理的无人矿山。其本质是安全矿山、高效矿山、清洁矿山,矿山的数字化、信息化是建设的前提和基础。智慧矿山的显著标志就是"无人",即开采面无人作业、掘进面无人作业、危险场所无人作业、大型设备无人作业,直到整座矿山无人作业。

吕鹏飞等认为,智慧矿山是基于物联网、云计算、大数据、人工智能等技术,集成各类传感器、自动控制器、传输网络、组件式软件等,形成的一套智慧体系,能够主动感知、自动分析,依据深度学习的知识库,形成最优决策模型并对各环节实施自动调控,实现设计、生产、运营管理等环节安全、高效、经济、绿色的矿山。

李梅等认为,智慧矿山是指将云计算、物联网、虚拟现实、数据挖掘等新技术结合起来,实现矿山生产流程的智能化决策和管理的过程。

霍中刚等认为,智慧矿山是采矿科学、信息科学、人工智能、计算机技术和3S(地理信息、定位、遥感)技术发展与高度结合的产物。智慧矿山的本质是建设安全矿山、高效矿山、清洁矿山。

徐静等认为,智慧矿山是一项复杂的系统工程;它是矿山工程与先进的科学技术、管理理念、管理方式和管理手段,以及与3G移动互联网、光纤网络、物联网、云计算等新一代信息技术紧密结合的产物。

雷高认为,智慧矿山是以互联网和物联网为主要载体的现代矿山建设的总称,依托实时矿山测量、全球定位系统(global positioning system,GPS)实时导航与遥控、地理信息系统(geographic information system,GIS)管理与辅助决策和3D地质建模(3D geological modeling,3DGM)的应用,是对矿山当前问题的一种积极的解决方案。

张旭平等认为,在矿山物联网基础上,结合多网融合技术、智能融合分析技术等先进技术,利用云计算和超级计算机实现对海量数据的整理和分析,完成矿山生产网络内的人员、机器、设备、物资、信息等的自动管理和控制,构成智慧矿山[①]。

卢新月等认为,智慧矿山是建立在矿山数字化基础上,能够完成矿山企业所有信息的精准适时采集、网络化传输、规范化集成、可视化展现、自动化操作和智能化服务的数字化智慧体。

笔者认为,智慧矿山是在物联网、云计算的基础上进行的分析管理,而且包含更多的建设管理内容和更丰富的系统,以实现矿山建设的全寿命周期管理数据分析和电子档案资料储存,并达到矿山在BIM和GIS平台中全过程应用管理的目标。

(二)智慧矿山概念补充

传统的智慧矿山研究侧重于生产技术层面,注重于智慧设备、采掘机械地研发,使整个矿山的各个方面都在智慧机器人和智慧设备下操作完成,实现生产的安全、高效、清洁。从管理层面讲,智慧矿山的建设管理也应当是智慧化的,并且当前煤矿工程管理水平已经成为制约煤矿产能的重要因素。BIM及GIS等大数据设计管理平台在建筑工程很多专业领域已经有了成熟应用,以及企业信息化集成管理系统得到了迅速发展,为矿山的管理智慧化提供了基础。BIM+GIS在智慧矿山建设管理中逐渐运用发展将是必然趋势。在当前阶段,智慧矿山中的定义应当增加智慧矿山管理层面的内容。

智慧矿山的补充定义为:智慧矿山就是对生产、职业健康与安全、技术和后勤保障等进行主动感知、自动分析、快速处理以及在建设、生产全流程中运用智慧化手段进行集成化管理的无人矿山。

二、智慧矿山系统构成研究

(一)生产系统构成分析

矿山技术发展在大体经历了原始阶段、机械化阶段、数字化、信息化阶段

---

①牛莉霞,李肖萌.5G时代智慧矿山安全管理新模式[J].中国安全科学学报,2021,31(06):29-36.

后,正快速迈向智慧化时代,具有明显的阶段性。当前,智慧矿山生产系统主要分为3个子系统。

1.智慧生产系统

智慧生产系统包括智慧主要生产系统和智慧辅助生产系统。智慧主要生产系统包括采煤工作面的智慧化和掘进工作面的智慧化,对于煤矿而言,就是以无人值守技术为代表的智慧综采区和无人掘进工作面。智慧采煤工作面可分为智慧薄煤层无人工作面系统、智慧中厚煤层无人工作面系统、智慧发放定煤工作面系统、智慧填充开采工作面系统、智慧任务爆破开采工作面和智慧无人机械开采工作面。智慧辅助生产系统就是以无人值守为主要特征的智慧运输系统(含有皮带运输和辅助运输)智慧提升系统、智慧通风系统、智慧调度指挥系统和智慧通信系统等。

2.智慧职业安全健康系统

近年,我国矿山安全水平获得了巨大提高,安全管理目标也从"减少事故,减少死亡",提高到"洁净生产,关爱健康"的高度;从职工生命安全的关注上升到对职工健康、幸福的关爱。矿山的职业健康与安全包含了环境、防火、防水等多个方面且子系统众多:智慧职业健康安全环境系统、智慧防火系统、智慧爆破监控系统、智慧洁净生产监控系统、智慧冲击地压监控系统、智慧人员监控系统、智慧水患监控系统、智慧视频监控系统、智慧应急救援系统和智慧污水处理系统等。

3.智慧技术与后勤保障系统

为了煤矿生产安全提供的技术保障和支持的系统,我们称为保障系统。保障系统分为技术保障系统、管理和后勤保障系统。智慧技术保障系统是指地、测、采、掘、机、运、同、调度、计划、设计等的信息化、智慧化系统等。

(二)决策系统构成分析

办公自动化(offfice automation,OA)指的是,利用技术手段来提高办公的效率,进而实现办公的自动化处理。采用Internet/Intranet技术,基于工作流的概念,使企业内部人员方便快捷地共享信息,高效的协同工作;改变过去复杂、低效的手工办公方式,实现迅速全方位的信息采集和信息处理,为企业的管理和决策提供科学依据。OA系统在煤矿工程中应用已经日趋成熟,通过OA系统建立了企业统一的通信基础平台和统一的信息发布平台,实现了移动办公和学习痕迹保留,规范了员工日常行为考核制度。OA系统作为智慧矿山的决策系统已经被广泛运用,并发挥了良好的决策管理效果,简化了办公流程,应当将其作为智慧矿山系统的补充,嫁接到智慧矿山系统中。

(三)建设管理系统构成分析

智慧矿山建设管理系统主要指的是基于 BIM+GIS 的智慧矿山建设管理系统,主要实现体系构建,系统有待后续开发。建设管理系统主要针对煤矿工程建设全寿命周期各阶段形成的管理内容、成果内容、文件格式和授权等进行集成化的管理,并将其按照管理内容的不同,划分为三个子系统:全过程建设管理系统、生产建设过程授权系统和全过程建设成果管理系统。

(四)智慧矿山系统构成分析

传统的智慧矿山侧重于生产技术层面的内容,即智慧生产系统、智慧职业安全健康系统和智慧技术与后勤保障系统。在一定的阶段内,切实促进了煤炭行业的发展,但是随着智慧矿山的不断发展,生产技术已经不是制约智慧矿山的决定性因素,限制煤矿产能的因素已经由智慧矿山生产技术逐步转向管理层面。在原有 OA 系统上形成具有集成嵌套功能的协作办公自动化(collaborative office automation, COA)系统,将安全监测系统(Kj95)、人员定位管理系统(Kj237)、安全生产标准化信息系统、地质水害在线监测系统、供应链系统、客户关系管理系统、以及基于 BIM+GIS 的智慧矿山建设管理系统进行集成嵌套,最终实现较为完整的智慧矿山系统创建。技术层面和管理层面的各系统之间通过 COA 平台实现信息传递和共享。

基于 BIM+GIS 的智慧矿山建设管理系统是基于 BIM+GIS 的智慧矿山建设体系基础上形成的管理系统,本系统能够实现煤矿工程在设计、施工、运营过程中的全过程管理,配合 COA 平台实现煤矿工程建设过程的大数据共享,提高建设管理中的决策质量,实现动态控制。其子系统能实现不同的管理目标和内容:全过程建设管理系统解决了"各阶段完成什么样的工作内容"的问题;生产建设过程授权系统解决了规范煤炭工程建设管理流程以及"各阶段内容谁负责"的问题;全过程建设成果管理系统解决了"各阶段工作内容怎么交"的问题。

三、基于 BIM+GIS 的设计管理平台甄选

(一)GIS 平台优劣势分析

GIS 是能提供存储、显示、分析地理数据功能的软件。从技术和应用的角度讲,GIS 是解决空间问题的工具、方法和技术;从科学的角度讲,GIS 是地理学、

地图学、测量学和计算机科学等学科基础上发展起来的一门学科,具有独立的科学体系;从功能上讲,GIS具有空间数据的获取、存储、显示、编辑、处理、分析、输出和应用等功能;从系统学的角度讲,GIS具有一定结构和功能,是一个完整的系统。

GIS平台的选用与否,关系到能否与BIM平台的模型数据相融合,并能对煤炭项目起到良好的设计管理作用。

ArcGIS属于目前比较成熟的GIS平台,3D数据库创建能力强,但是数据导入建模能力弱,价格较贵,整体功能非常全面,但是平台费用非常高,考虑到推广性,予以否定;MapInfo属于小型办公化地理信息分析平台,不支持数据导入建模,不能导入生成GIS模型,对项目管理而言,没有使用价值;SuperMap属于开放式GIS平台,其本身的二次开发能力强,适合作为基础平台,而其平台本身的处理数据能力和空间编辑能力较弱,对于煤矿工程较为复杂地形模型的创建以及GIS数据管理方面不能满足实际需求;MapGIS平台和3DMine对于地理数据的处理能力较强,可视化处理效果好,MapGIS侧重于遥感数据处理,3DMine是专门针对煤矿工程研发的GIS设计管理平台,不仅支持多种GIS数据的导入,而且能对煤矿工程中专业相关模型进行创建和管理,专业性强。

虽然3DMine在遥感数据和纯粹的GIS数据建模处理效果方面不如MapGIS,但是从煤炭工程设计管理的角度讲,3DMine功能远超过MapGIS,模型的精度能满足需求,综合比选,将3DMine平台作为本次基于BIM+GIS的智慧矿山建设管理体系构建研究的GIS设计管理平台。

(二)GIS平台选用3DMine的必要性

3DMine软件是由北京三地曼矿业软件科技有限公司研究并开发的国内第一款全中文、具有自主知识产权的3D矿业工程软件。在借鉴国外同类软件的开发思路和功能模块的基础上,也充分总结了国内地勘及生产矿山应用的特点,并将3D矿业软件与国内通用的规范标准相结合,使3DMine软件符合国内的规范要求,更适合国内工程师对矿山及地质的工作方式和流程的理解和要求。3DMine软件采用国际上领先的3D引擎技术,按照先进的组件开发思路,采用全新的软件构架组成的3D软件平台。集成了3D可视化、编辑工具、数据库技术、地质建模、测量数据、储量估算、采矿设计、境界优化、炮孔设计、进度计划、打印制图等应用模块。应用于地质、测量、采矿、生产控制及资源管理等专业,为矿业行业提供全方位的技术工具。该体系产品有3Dvent通风解算软件、

3DCtrl 三维矿山管控平台、3DGPS 实时调度平台、3DEva 矿山经济评价系统以及 3DRes 矿产资源管理系统等,从而为矿业企业提供综合的软件应用和全面的信息化应用方案,不仅为矿山资源管理、开采效率管理和生产数据管理提供技术支撑,同时也成为矿业企业信息化的基础平台。功能模块和平台构架的合理度、完整度、可扩充能力达到了行业的领先水平。软件中由块段法和断面法两种传统几何图形法结合距离幂次反比法和地质统计学方法组成的 3DMine 软件储量估算模块已高分顺利通过了由中国矿业权评估师协会和国土资源部矿产资源储量评审中心组织的专家评审,并在国土资源部矿产资源储量司备案。

(三)BIM 平台选用 Revit 的必要性

Revit 是 Autodesk 公司一套系列软件和平台的名称。Revit 系列软件是为建筑信息模型构建的,可帮助建筑设计师设计、建造和维护质量更好、能效更高的建筑。Revit 是我国建筑业 BIM 体系中使用最广泛的软件之一。Autodesk Revit 提供支持建筑设计、MEP 工程设计和结构工程的工具,已经成立了建筑设计和管理中的绝对主流平台。国家及地方出台的房建类 BIM 规范均以 Revit 的基本文件格式和数据转换格式为基础的,Revit 无论是在自身的设计能力方面、二次开发方面、嫁接其他平台方面均有其他设计平台无可比拟的优势。目前,Revit 占据了绝大部分房屋建筑学 3D 设计管理平台的市场份额。

基于 Revit 平台也有较为成熟的插件开发以及很大基数的项目案例可供参考。随着 Revit 版本的更新,平台的功能也越来越全面。Revit 将成为建筑设计管理平台中的绝对主流,故本研究选用 Revit 平台作为 BIM 设计管理平台。

四、基于 BIM+GIS 的智慧矿山建设体系工作分析

在煤矿工程建设的过程中,与传统的工程项目相比,可以划分为投资策划阶段、勘察设计阶段、项目施工阶段、项目竣工阶段、项目运营阶段、项目报废阶段。每个阶段都可以结合 BIM+GIS 提出工作内容和管理应用,并运用 WBS 或流程图的形式细化工作内容和表达关系人之间的授权逻辑关系。

(一)投资策划阶段工作流程及应用点分析

1.工作目标分析

项目投资策划阶段需要明确项目目标,主要分为宏观目标和具体目标两个层次。宏观目标指的是项目建设对国家、地区、部门或者行业要达到整体发展目标所产生的积极影响和作用的目标。具体目标是指建设项目要达到什么样

的直接效果。煤矿产业作为我国支柱性产业,宏观目标包括:对国民经济的稳定性发展起到重要作用,并发挥能源优势,为国家发展提供能源基础。煤矿工程的具体目标主要包括效益目标、规模目标、功能目标、时长目标。借助 BIM+GIS 手段可以在规模目标方面以可视化的形式展示,功能目标方面和时长目标方面主要以模型分析应用角度实现。确定项目目标对煤矿工程乃至所有工程项目长远经济效益和战略方向起到关键性和决定性的作用。

2. 工作流程分析

煤矿项目在决策阶段的主要工作包括项目建议书、可行性研究报告(包括项目投资目标、风险分析、建设方案等)、运营策划、评估报告(包括节能评估、环境影响评价、安全评价、社会稳定风险评估、地质灾害危险性评价、交通影响评估以及水土保持方案)等相关报告的编制以及报送审批工作。从项目建议书到可行性研究报告是一个由粗到细,由浅入深,逐步明确建设项目目标的过程。项目决策阶段的参与主体主要包括投资人、运营人、煤矿全过程建设单位、政府相关报告的编制以及报送审批工作。项目建议书编制程序为:①组建全过程工程项目组;②专业工程师搜集资料、踏勘现场、专业工程师编制项目建议书;③总工程师审核项目建议书;④投资人确定项目建议书;⑤投资人申报项目建议书;⑥投资主管部门审批项目建议书。

3. BIM+GIS 应用点梳理

项目建议书中包括的内容有:总论、市场预测、资源条件评价、建设规模与产品方案、厂址选择、技术设备、工程方案、原材料燃料供应、总图运输与公共辅助工程、环境影响评价、组织机构与人力资源配置、项目实施进度、投资估算、融资方案、财务评价、国民经济评价与社会评价、风险分析、研究结论与建议。其中,进行资源条件评价时,可利用 3DMine 进行资源量、资源品质分布情况、资源赋存情况进行模型计算;在建设规模和厂址选择分析时,可用以 BIM 结合 GIS 的方法进行场地模拟,场地所在区域、场地初步比选、场地绘制地理信息模型以示意的方式实现。在总图运输与公用辅助交通中,需要绘制场地总平面布置图和地上、地下交通时,可以用 3D 模型导出平面图、交通平面图,以第一人称视角路线漫游的形式展现。项目实施进度以流水施工进度计划对接模型的 4D 方式实现。

可行性研究报告是对某一具体项目可实现性的具体研究报告。其主要工作是对拟建项目的必要性、条件的成熟性进行论证,从而为投资人进行后续工作提供判断依据。煤矿项目的可行性研究重点包括资源开发的合理性、拟开发资源的赋存情况、可开采量、资源品质、可持续性、环保性、总体规划性等。另外,项目的可行性研究不仅是投资决策的依据,也是申请贷款、筹措资金和编制初步设计文件的依据。

煤矿工程中的可行性研究报告的内容包括:总论、需求分析与建设规模、厂址选择、建筑方案选择、节能节水措施、环境影响评价、劳动安全与卫生消防、组织机构与人力资源配置、项目实施进度、投资估算与资金筹措、财务评价、社会评价等。其中,需求分析和建设规模可以在 Revit 中以模型块的形式进行方案的初步比选;对于厂址方案选择时绘制的地理位置图可以在 3DMine 中生成宏观地形图并分析比选;建筑方案选择时可以在 Revit 中生成宏观地形图进行方案比选;节能节水措施中涉及设施优化的内容可通过创建优化模型,添加设施参数,然后通过明细表统计或嫁接 Revit 能耗分析插件实现;劳动安全与卫生消防中的安全设施和消防设施位置可通过模型位置进行 3D 展示,并可结合 Fuzor 进行动态漫游和监控模拟;项目实施进度以流水施工进度计划对接模型的 4D 方式实现。

(二)勘察设计阶段工作流程及应用点分析

1.勘察任务分析

勘察是指根据建设工程的要求,查明、分析、评价建设场地的地质、地埋环境特征和岩土工程条件并提出合理基础建议,编制建设工程勘察文件的活动。在采矿或工程施工前,对地形、地质构造、地下资源蕴藏情况等进行实地调查。工程勘察内容包括制订勘察任务书和组织勘察工作任务,如工程测量、岩土工程勘察、设计、治理、监测、治理、水文地质勘察、环境地质勘察等。

2.工作流程分析

出具的工程勘察文件主要指岩土勘察报告及相关的专题报告。

工程设计是根据工程建设规范、标准,相关法律法规的要求,对拟建项目所需的技术、经济、资源环境等条件进行综合分析、论证,结合工程勘察报告,编制建设工程设计文件,提供相关服务的活动。工程设计工作内容包括编制设计任务书、组织方案设计、初步设计、施工图设计等工作。方案设计是设计的实质性开始阶段。在方案设计阶段,全过程建设单位应组织专家委员对方案设计进行审查和优化,以确定此方案能否切实满足投资人的需求。方案设应该满足编制初步设计文件、方案审批或报批需求。

初步设计:在项目初步设计阶段,设计深度上符合方案设计内容的评定标准,并能确定需要准备的主要设备、材料和征地范围,为施工准备和施工图设计做铺垫,并作为确定投资和审批项目的依据。全过程建设单位需要组织专家进行图纸和模型审查、检查模型精度、节点详略、设置选材、模型误差等问题。在认真审阅图纸和模型后以书面形式整理专家意见,与专业工程师、投资人共同讨论方案并交换意见,达成共识后,进行设计图纸和模型的修改。

施工图设计阶段的主要工作是运用模型和图纸的形式把设计者的设计意图表达出来,使整个设计方案得以实现。施工图设计既是指导施工的依据,也是编制预算的依据。施工图设计文件包括委托要求设计的、所有专业的设计模型、设计图纸和总封面。在施工图设计阶段,全过程建设单位根据批准的初步设计文件进行编制和交付设计成果文件,以满足施工招标、施工安装、材料设备订货、非标设备支座、架工及编制施工图预算的要求。随着设计的不断深入,模型方案的不断修改确认,设计过程也从方案设计、初步设计到施工图设计不断精细,模型精度由LOD_{100}向LOD_{500}发展,从概念设计到竣工设计,用来定义整个项目过程。具体的等级:LOD_{100},概念化的模型;LOD_{200},方案设计模型及扩展的初步设计模型;LOD_{300},精细化的施工图及深化施工图设计模型;LOD_{400},加工模型;LOD_{500},竣工模型。不同阶段的模型能够满足不同设计阶段的使用要求。

煤矿工程的勘探报告包含的内容:断层、破碎带、滑坡、泥石流的性质和规模;含水层和隔水层的岩性、层厚、产状、水力关系,地下水的潜水位、水质状况、水量和流向,地面水流系统和水利工程输水能力以及降水量和最高洪水位;矿山设计范围内原有小窑、老窑分布范围、开采深度和积水情况;沼气、二氧化碳赋存情况,矿物自然发火和矿尘土爆炸的可能性;对人体有害的矿物成分、含量和变化规律,放射性本底数据;地温异常和热水矿区的岩石导热率、地温梯度、热水来源、水温水压和水量;工业、生活用水的水源和水质;钻孔、封孔资料。专业的设计人员结合实际的地况对矿业相关内容进行设计。

3.BIM+GIS应用点梳理

对于矿区地面工业建筑,设计人员在满足混凝土、钢结构、砌体结构的设计规范下,在Revit中进行,对于混凝土的使用量和钢筋的消耗量进行明细表精确统计,精确算量;对于钢结构,其屋盖结构、吊车梁、柱子、基础、外墙维护系统、支撑系统、井架结构、筒仓结构可在Revit中按照构件的方式进行单构件设计并进行组装;对于厂房结构主要施工吊装设备设计,如起重机等设备可采用创建参数化设备族的方式实现。

对于室内外地面防水结构,Revit中的墙板分层材质设置,可实现对各层防水材质信息的统计;对于地下防水层设计中采用卷材防水层、涂膜防水层、防水砂浆抹面均可以用Revit墙板分层结构进行模拟。

对于工业场地内构筑物均可用Revit模型设计的方法实现;对于井巷工程来说分为:立井开拓、斜井开拓、平硐开拓和综合开拓4类。立井井筒、平硐建模属于标高变化明显的,建模思路同一般建筑物。斜井的由于进口两端空间标高不同,而在Revit中进行倾斜空间体的建模难度较大。对于井下工程来说,还包括:井底车场及避难硐室设计,提升运输设计,通风方式和通风系统设计,井下巷道掘进和支护设计,井下采掘设备配置,矿石和矸石运输的相关设备,井下给水、暖通和供热、消防系统、除尘系统等,采用传统的Revit模型创建方法即可实现。巷道掘进可采用在3DMine中进行宏观采掘计划模拟或在Revit中进行微观巷道模拟。采掘设备制作采用参数化族制作,矿石和矸石运输系统往往指皮带、地下窄轨道等运输设备,采用基于面的公制常规参数化模型制作。

(三)项目施工阶段工作流程及应用点分析

1.施工任务分析

煤矿项目施工阶段是投入人力、物力、财力最多,工程管理难度最大的阶段。需按照设计承发包所确定下来的招投标文件、最终施工模型和图纸,并在施工合同约定和技术要求的约束条件下进行的,同时也是项目管理全生命周期中耗时最长,能直接体现成果的阶段。全过程建设单位对煤矿工程的成本、质量、进度进行动态控制,并协调关系人之间的关系,履行义务,确保工程项目顺利实施。

煤矿工程项目竣工阶段主要以整理资料、竣工验收、竣工结算为主。一方面需要整理和收集从决策、设计、承发包、实施等阶段中形成的过程文件、图纸、复批等资料;另一方面把经过检验合格的建设项目及工程资料完整移交给运营人进入运营阶段。Revit作为完整的模型信息库,具有强大的几何数据和非几何数据储存功能,将过程文件以模型化的形式储存能有效减少纸质资料的数量,而且能清楚地展现工程中各个环节的设计和工艺。以模型的形式将建设项目的工程资料移交给运营人,发挥模型在运营阶段更广泛的应用价值。

2.工作流程分析

煤矿工程项目建设同传统的工程项目一样都是由单位工程以及分部分项工程构成的,项目的建设通过一道道工序完成。工程项目实施阶段按照事前、事中、事后控制的顺序依次实现从工序质量到分部分项工程质量、单位工程的过程控制,最终形成合格的、符合相关规范标准的、满足合同要求的,并具有完整使用价值的工程。

3.BIM+GIS 应用点梳理

施工阶段质量控制任务包括检查煤矿工程材料、构配件以及相关设备质量,检查施工机械和机具质量。除了现场检查,在 Revit 中,对现场的设备、材料进行准确建模并添加共享参数后,不仅可以检查某一区域或施工场地内设备的型号以及材料型号是否与明细表中的一致,而且能保证设备或材质数量上无遗漏。在事前控制中,施工图设计以模型导出的方式实现;事中质量控制中施工过程设计变更或工程变更,可以直接在 Revit 模型端进行修改,从而保证设计变更后相关数据能及时更新。项目实施阶段进度管理主要是对进度计划进行跟踪检查、控制及调整,以确保在合同约定的工期内完成建设项目。

煤矿工程在项目决策阶段就确定项目定义和整个项目的进度目标,施工合同所规定的工期目标是煤矿工程控制进度和建设工期的重要依据。应采用动态控制的原理在确保工程质量、安全、工程造价的条件下进行过程控制,并完善建设工程控制性进度计划,编制和实施由投资人负责供应的材料与设备供应计划,跟踪检查实际进度,对于这些环节的工作均可以通过在 Navisworks 平台中导入甘特图或直接编制进度计划实现,对于某一时间节点上可进行模型进度和人材机等费用的查询。

在造价管控方面应完成资金使用计划的编制、工程计量、询价与核价、工程价款支付审核、工程中变更、索赔、签证的信息动态管理等重点工作。依据项目施工合同及其他相关文件,在满足工程质量和进度的要求下,采取有效的措施进行建设工程造价控制,以实现工程造价不超过既定目标。根据施工合同中有关工程计量周期及合同价款支付时间的约定,审核工程计量报告与合同价款支付申请,Navisworks 中的对于实际进度的模拟可以作为进度款支付的重要依据。

(四)项目运营阶段工作流程及应用点分析

1.运营任务分析

在项目运营阶段,需要适时对建设项目的决策进行评价和总结,需要对建设项目进行运营管理,通过运营管理,检验其是否科学有效。运营阶段的主要工作包括:进行项目后评价、进行项目绩效评价、进行运营管理策划、资产管理等。对于煤矿工程而言,运营管理的有效性和企业自身的管理基础和矿山企业相关的运营管理方法有关。

2.BIM+GIS应用点梳理

煤矿运营管理过程中,关于矿山企业管理方法中的矿山企业产量计划、露天矿采掘计划、地下矿采掘计划、矿石质量计划均可以在3DMine中实现;在矿山企业日常生产管理中的地下开采生产过程管理和露天开采生产过程管理均可用现场对照3DMine平台模型的方式进行,并对生产流程进行模拟优化;机电设备的维修工作管理可以通过在Revit明细表中查找设备的方法,实现待维修设备在模型中的快速定位;矿山企业设备管理可以通过对参数化族库中设备调用,并添加维护、维修、更新、改造等字段的共享参数实现。

(五)项目报废阶段工作流程及应用点分析

1.二次开发任务分析

煤矿开采完毕后,意味着矿区报废,形成较大的采空区。这样的采空区既不同于地下溶洞、地下河流等自然形成的地下空间,也不同于人工开掘的城市功能性地下空间。我们称特殊地下空间,主要包括废弃的矿井巷道、井底车场、硐室、采空区及盐腔等。随着人类社会的发展,资源极大的消耗,加之地球承载能力有限。因此,"向地下要空间、要资源"成为人们寻求良好生存环境和人类可持续发展的有效途径。根据国内外的发展,煤矿地下空间主要发展为工业旅游景区、地热发电站、地下抽水蓄能发电站等不仅能减少能源开发实现能源综合利用,而且能有效减少环境污染,充分利用空间。煤矿的报废不代表项目的终止,而是特殊空间二次开发的开始。

2.BIM+GIS应用点梳理

虽然我国对于特殊空间的二次开发尚处于探索阶段,但是BIM+GIS在项目报废阶段仍然具有其应用价值。在进行特殊空间可利用判识分析与估算、特殊地下空间开发利用设想等内容方面均需要参考一定的地形模型。BIM+GIS技术中的场地模型和空间模型均可以作为可用于参考的模型素材。关于模型的具体应用仍处于探索当中。

第二节　智慧矿山BIM+GIS模型的创建与应用

一、BIM+GIS场地模型数据的融合研究

(一)数据采集与分析

3DMine支持的格式种类繁多,为煤矿的地理信息测算提供了便捷的条件,提高了软件之间的兼容性。笔者将以其中的.dwg格式的文件做出进一步研究,在3DMine和Revit中,结合已经处理的地理信息坐标图,分别建立地理信息模型。地理信息坐标图中的数据信息有多种获取方式。在Revit中通过利用不同等高线密度划分地表模型,在不同精细度等高线的前提下建立模型,使模型表面积与在3DMine中的模型保持在很小的误差范围内,实现两个软件端的模型拟合,然后利用创建好的地理信息模型分别在两个平台中做相关研究。

目前,建模数据采集方面主要有两大类:一种是3D激光扫描,与传统的单点测量不同,3D激光扫描可实现对真实建筑物的3D信息直接采集、可以快速复制实体目标进行3D建模,并迅速提取物体表面坐标信息从而快速精确建模。脉冲波式、利用相位差方法和利用三角测距方法是常见的获取数据的手段。3D激光扫描建模通过扫描仪进行数据采集生成物体表面的密集点云,然后对点云数据进行去噪和补洞操作,留下有效的点云数据;之后通过标靶控制点进行相应的点云配准工作,确定物体的位置坐标信息;最后将点云进行网格模型的表面重建和修补工作生成3D模型。3D激光扫描方法构建BIM模型多用于以下3个方面。

1.古建保护

对于构造复杂的斗拱、雀替等,常规的建模方法很困难,3D激光可以快速采集带有3D坐标的密集点云从而进行快速BIM建模,在构建的BIM模型有很大应用价值。

2.场景重现

经过不间断的自动获取数据,缩短了测量时间。3D激光扫描快速记载现场物体的相对位置关系和事故现场的环境,提高了效率。

3.模具制造

3D激光扫描自身是一种逆向建模思维,可以把已有物体的数据进行处理并建模。该技术建模效率高,且避免了对BIM模型来回修改。

第二种是无人机倾斜摄影技术,也属于近年来的新兴技术。传统的航摄影像一般是正射影像,目的是获取物体的平面位置。3D建模仅靠物体的平面影像是不行的,需要对物体进行多角度的拍摄。倾斜测量通过多镜头的拍摄和合理地规划航线可以实现全方位的数据采集从而快速建模。当今倾斜摄影的建模主要有两种:第一种是用机载的雷达来构建模型的骨架,然后附着上倾斜摄影照片的纹理,通过导入相应的软件进行人工干预建模;第二种是利用某些工具可以自动建模如ContextCapture、Pix4D、PhotoScan、Altizure等,他们可以把采集的倾斜摄影照片和POS数据结合,辅助以地面像控点。这样可以自动输出相应的多层级LOD3D模型。但是倾斜摄影建成的3D模型往往需要进行修饰和补洞操作。这种建模地表和道路、路面设施、模型是连为一体的,数据量一般比较大。这种模型的特点包括:①一张纹理对应一个三角面对应一张贴图无需重复贴图;②三角网组成模型,三角面数量大;③模型具备多层LOD结构,可以提升3D浏览的效率。对于新的项目而言,目前主要是通过第二种技术来实现煤矿工程相关地理信息的测量,从而对测量数据进行处理,形成地理信息坐标图。

无人机倾斜摄影技术不仅可以迅速获取场地的地理信息,还可以辅助项目管理。在煤矿项目勘察阶段,以无人机遥感技术勘察待建区域的地形地貌,完成对整片场地区域的测绘,再对局部重点区域进行部分的详细勘察,即可得到粗细有致的初步勘察报告。在施工阶段,无人机对施工阶段现场进行拍摄巡查,获得影像资料,为煤炭工程的施工管理现场的安全管理、进度控制、施工质量控制、计量测算估计、违规施工取证提供有效证据,也为打造数据库管理平台提供切实可行的原始资料。

通过浏览实景模型,管理人员在办公室就能看到项目现场情况。周期性3D建模创建,能更真实地记录项目建设过程。在模型浏览过程中,管理人员可对建筑物或构筑物的长度、高度、面积和体积进行测量,获取准确的几何信息,并将模型测量数据与设计图纸对比即可检查出施工与设计不符合的部分,及时要求施工方进行纠正,避免施工质量问题。

笔者以下内容以曹家滩项目为例。在曹家滩项目中,需对测量数据信息进行处理形成图纸。这就需要针对已有的图纸进行分层设置,可对地形和场地分层显示。在3DMine中,将原始图纸进行图层筛选后,去掉多余图层,只剩下与关键控制标高和等高线有关的地形图。对于已完成的图纸进行二次保存,输出为.DWG格式文件,将.DWG格式文件的图纸作为两个平台的对接文件,保证了创建场地模型所用到的关键点和等高线的一致性。

(二)曹家滩煤矿案例数据提取

曹家滩井田位于陕西省榆林市北部,行政区划隶属榆林市榆阳区金鸡滩乡和大河塔乡及神木县大保当乡、瑶镇乡管辖。井田宽约10 km,长12.5 km,面积约125.97 km²。榆林国家电网在矿井周边建有榆林、神木、大保当3座330 kV变电站。榆林地方电力公司在矿井周边有金鸡滩、大保当110 kV变电站,另有地方电力公司新建的曹家滩110 kV开关站,矿井供电便利。区内榆溪河流域大部分面积被第四系沙层覆盖,且透水性好,可作为矿区建设时的施工水源和建成后的生活用水水源。矿井涌水量较大,井下水经处理后,可以满足矿井的生产用水。通信条件好,材料供应有保障。另外,本矿井邻近的榆树湾、锦界等矿井已经生产,矿区已初具规模,矿井外部建设条件已经成熟,可以为本矿井的开发建设提供强有力的保障。

井田共获得各类煤炭资源储量3130.86 Mt,资源量丰富,具有较好的资源条件,适宜建设特大型矿井。全井田可采煤层共9层,其中,$2^{-2}(2^{-2上})$、3^{-1}、4^{-3}煤层为全区可采;4^{-2}、$5^{-3}(5^{-3上})$煤层大部分可采;1^{-2}、5^{-2}、$5^{-3下}$、5^{-4}为局部可采;2^{-2}煤层为全区可采的特厚煤层,结构简单,煤层厚度变化不大。各煤层结构简单至较简单,厚度变化很小,或虽有一定变化,但规律性明显,煤质变化小,煤类以长焰煤或不黏煤为主。2^{-2}煤平均厚度11.2 m,资源储量为1840.14 Mt,占总资源量的59%。矿井投产初期工作面开采不存在压茬关系,为本井田的开采提供较为便利的资源条件。井田内煤主要以低熔灰煤为主,部分高熔灰煤。煤的化学反应性强、热稳定性好,属高油煤。煤的抗碎强度高,保持筛分组成分及原煤粒度性能好,加之主要煤层有害元素砷、氯、氟、磷含量较低,具有"环保煤"之美誉。是良好的动力燃料、工业气化、低温干馏和液化用料煤。各煤层直接充水含水层为基岩裂隙承压水,第四系潜水为间接充水含水层。充水通道主要为煤层开采后形成的导水裂隙带,井田全区处于安全保水采煤区,即第四系潜水不会因采煤而漏失,无较大水患存在。井田地层岩性单一,岩体结构多为互层状,岩体质量中等。可采煤层顶板多属半坚硬、坚硬的层状岩类,为Ⅱ类中等稳定,稳定性好。主要煤层顶板,老顶压力显现由不明显到明显,不易发生矿山工程地质问题。瓦斯采样测试分析表明,各煤层自然瓦斯含量低,瓦斯成分带均属二氧化碳——氮气带(CO_2-N_2)。煤层属易自燃煤层,煤尘具有爆炸危险性。地温梯度正常,无地热危害区。本井田开采技术条件属简单类型。

综上所述,本矿井资源条件好,开采条件技术条件简单,外部建设条件完善,具备建设特大型矿井的条件。

1. 设计主要特征

根据委托书要求,本矿井设计生产能力为 15.00 Mt/a,矿井地质资源量为 3130.86 Mt,设计可采储量为 1490.90 Mt,储量备用系数取 1.4。推荐井田开拓方案采用斜井开拓方式。其中,主、副斜井工业场地位于井田西北部边界的中间,大坟滩北侧,第二勘探线附近;风井工业场地位于井田中部,主副井工业场地东南约 3 km 处。矿井投产时共布置 4 个井筒,主、副斜井落底标高+958.0 m,风井落底标高+972 m。

井田划分为 4 个煤组开采,井筒落底后沿井田中部布置一组大巷,将井田分为东西两个区域。后期各组水平大巷平面重叠布置,通过暗主斜井、暗副斜井和回风立井延伸联络各水平。

设计在每个水平采用一组 4 条大巷进行开拓,实现了开拓系统最简化;初期一井一面达产,实现生产高度集中化、采掘综合机械化;辅助运输利用缓坡副斜井,井下无换装系统,实现辅助运输无轨化、单一化;工作面主要设备进口,设备可靠性高,自动化程度高。

本矿井初期采用并列式通风系统,机械抽出式通风方式。井下煤炭运输采用胶带输送机,实现煤炭运输连续化。井下辅助运输采用防爆无轨胶轮车连续运输系统,采用新技术、新工艺降低无轨胶轮车燃油消耗的车辆。主排水设备离心式双吸多级耐磨排水泵。排水管路选用 3 趟无缝钢管,分段选择壁厚。抗灾潜水电泵排水系统选用矿用潜水电泵,矿井正常排水及抗灾排水管路沿主斜井井筒敷设至地面。矿井空压机房内共选用螺杆式空压机供矿井井下用气,均布置于风井工业场地矿井空压机站内,压缩空气设备呈单排布置。本矿井开采煤层属容易自燃煤层,设计采取以粉煤灰灌浆为主、注氮等防灭火方法为辅,加强安全监测、监控等综合防灭火措施。选用地面固定式灌浆注胶防灭火系统。煤的洗选加工选煤厂入洗的长焰煤和不黏煤具有特低灰、特低到低硫、低含砷、低磷、低氯、中高到高挥发性、高热稳定性、中等可磨性、煤灰软化温度较低、弱结渣、无黏结性、富油煤等特点。选煤厂产品结构能随煤质变化和市场需求灵活调整,可实现原煤不洗分级、洗后破碎分级或破碎后掺入混煤。选煤厂入洗原煤为特低灰、特低、低硫、低含砷、低磷、低氯、中高、高挥发分、高热稳定性、中等可磨性、煤灰软化温度较低、弱结渣、无黏结性、富油的长焰煤和不黏煤,是优质化工、民用和动力用煤。

本矿井综合自动化利用以太网监测控制和数据采集(supervisory control and data acquisition,SCADA)模式,采用 Ethernet/IP 工业网络,实现煤炭生产采掘运的综合调度和生产过程自动化。建立 3D 可视化的基础业务平台,为集团和本矿的管理和决策者提供一个 3D、直观易用并可定制、可拓展、功能可延伸到整个生产业务流程的数字化矿井解决方案。矿井设置行政、调度通信、井下移动通信、电力调度通信、井上下广播、视频会议等通信和信息联络系统。矿井网络硬件包括覆盖井上、井下主要生产环节的工业控制网络和覆盖整个矿井的计算机管理网络。软件平台包括综合自动化平台、信息管理平台和数字化矿山平台,充分实现了综合自动化和信息化的融合。本矿煤炭外运利用从神木西至红石峡铁路专用线的曹家滩车站。矿井采用快速装车系统直接利用曹家滩车站装车。场外道路有进场道路、运煤道路、材料道路、排矸道路、风井道路和货台道路等。

2.工业场地的分区

工业场地按功能分区可分为场前区、生产区及辅助生产区。

(1)场前区

场前区位于工业场地东部,远离污染源,靠近本矿人流出入口,对外联系方便。场前由办公楼、行政前广场、食堂、两栋职工公寓及灯房浴室联合建筑等组成。

(2)辅助生产区

辅助生产区位于工业场地中部,兼做场前区与生产区缓冲带作用。以副斜井为核心,无轨胶轮车库、胶轮车保养间、材料库、油脂库、消防材料库、木器改制间、普通配件库、区队材料库、机修间及综采设备库等组成,矿井水处理站、110 kV 变电站、生活污水处理站、选煤厂集控楼及救护队等布置在场地中部南侧靠近主斜井处。

(3)生产区

生产区位于工业场地南部及西部。场地内布置有主井井口房、粗破车间、驱动机房、原煤仓、主厂房、产品仓、浓缩车间、锅炉房、矸石及产品煤装车系统等。该区为工业场地的核心组成部分,系统形成"L"型,煤炭运输加工过程顺畅、无往返作业。汽车装车系统临近运煤出入口,铁路装车系统直上铁路快速装车站。内部各建(构)筑物布置紧凑、合理,锅炉房远离场前区,锅炉来煤及灰渣外运十分方便,对场地污染小。但是数量巨大的隧道洞渣和路基石渣若不进行合理的处置,势必对环境造成严重的危害[①]。

3.隧道洞渣和路基石渣的特点

(1)环境危害大,占用土地资源,造成水土流失

隧道洞渣和路基石渣堆存于弃渣场会占用大量的土地资源,并且破坏原有的植被,降低土壤的抗侵蚀能力,从而造成水土流失,引发地质灾害。一些弃渣场往往将洞渣、石渣自然堆放于沟谷地带。这些弃渣的结构较为松散,一旦出现暴雨,有可能会造成泥石流,诱发地质灾害。在地质结构复杂的区域,隧道洞渣和路基石渣中成分区别较大。有些可能存在重金属元素甚至是放射性元素,一旦流失会造成周边土壤及水体污染。

(2)性能波动大

隧道洞渣和路基石渣是呈条带状开挖出来的,而且跨区域大,性能波动较大。尤其是在一些高速铁路建设过程中,因为高速铁路的线行设计往往无法规避不良地质。因此,挖出的隧道洞渣和路基石渣往往性能不确定,在对这些废弃物进行资源化利用前,首先需要了解其性能。比如,一些用做混凝土骨料的弃渣,需要防止出现一些脆性物质,如石膏、黏土等。

(3)清洁度低

隧道洞渣和路基石渣在开挖和运输的过程中容易夹杂着泥土,清洁度较低,清理过程难度较大。在对隧道洞渣和路基石渣进行资源化利用时,需要适当措施除杂、除土,确保其品质。

(4)分布分散

在道路工程建设中,隧道洞渣和路基石渣都是沿道路施工方向线性分布,弃渣处置点分散,不利于隧道洞渣和路基石渣的质量控制。

(5)处置费用高

隧道洞渣和路基石渣的处置主要包括租用弃渣场地、运输和堆场的维护等费用,处理成本极高。

---

①常浩宇.BIM+GIS技术在山岭隧道施工策划阶段的应用研究[J].施工技术,2021,50(12):126-129.

4.隧道洞渣和路基石渣加工碎石资源化利用案例

（1）工程概括

根据设计图纸，整个道路工程的路基全长约 3200.0 m。在施工的过程中，石方挖方量约为 300 万 t。其中，可用于碎石生产的中风化石方量约有 150 万 t。在该道路施工过程中，有一处隧道。该隧道为洞身分离式隧道，左线的长度为 438 m，右线的长度为 385 m，主要位于绢云母石英片岩地区。该隧道开挖将产生的洞渣约 30 万 t。

本工程道路基层使用级配碎石和水泥稳定碎石，需要使用到的碎石量大约为 15 万 t。然而，项目所在地沿线砂石料缺乏，外部采购平均运距超过 80 km，施工成本较大。该道路工程在开挖过程中会产生大量的隧道洞渣和挖方路基石渣。其中，部分隧道洞渣和路基石渣加工生产碎石可满足该路面基层碎石设计要求。

（2）工艺原理

利用项目施工过程中隧道和路基开挖产生的隧道洞渣和路基石渣，经破碎、筛分等工艺流程，加工生产出符合项目施工要求的碎石材料。一方面可以缓解碎石料供应紧张的问题，另一方面也可以有效降低工程材料成本，同时还减少了弃渣场地的占用，减少了对环境的污染，一举多得，也响应了当前国家提倡的发展绿色工程政策。

（3）工艺选择考虑的主要因素

隧道洞渣和路基石渣加工生产碎石的原则是以最简单的加工环节获得质量达标的成品。工艺流程设计要综合考虑其可靠性、经济性、先进性。本项目利用隧道洞渣和路基石渣自产碎石材料工艺主要需考虑洞渣和石渣材质、破碎比、生产规模、碎石厂选址、破碎设备等方面因素。

（4）材质

本工程当中，洞渣石渣的主要构成为娟云母、石英岩属于强风化或者中风化状态。大部分呈大块状，有些部分为碎石状。在开挖过程中，首先要对现场情况进行了解，利用目测和铁锤等工具锤击进行检测，初步判断检测结果；符合要求后送入实验室进行精确检测。不同地段挖出的洞渣和石渣均需进行原材送样，当洞渣、石渣材质符合项目设计及规范要求时，方可运输至碎石厂加工生产，否则弃至指定的弃土场进行安全处置。破碎比：破碎比直接决定着破碎工艺的复杂程度，原材料粒度越大、成品粒度越细，破碎工艺越复杂；生产规模：根据工程施工段基层碎石总体需求量和开挖的洞渣及石渣量,综合确定生产规模;碎石厂选址:碎石加工厂选址应综合考虑原料来源以及拌和站位置,尽可能大地降低运输成本。碎石厂场地大小应考虑一定的碎石成品料堆积以及洞渣石渣堆积场地面积;破碎设备:应根据隧道洞渣和路基石渣的性质、尺寸大小及需要破碎的程度来选用合适的破碎设备。

(5)隧道洞渣和路基石渣加工碎石工艺流程

采用两级破碎工艺将开挖的隧道洞渣和路基石渣进行破碎处理,然后过筛分为 0～4.75 mm、4.75～9.50 mm、9.50～19.0 mm、19.0～31.5 mm4 种不同规格粒径的碎石。超径碎石返回二级破碎重新进行处理,得到的不同粒径碎石需要进行检测,合格后才能投入工程中使用。

(6)碎石加工质量控制

在洞渣石渣加工生产碎石过程中,为了保证加工质量,需要重视 4 个方面:①从源头开始对材料进行优选,在开挖时,优选整体性较好、性能符合要求的洞渣石渣作为加工碎石原材料。破碎带或者软弱地层和腹水区域开挖的洞渣石渣不可用于碎石生产。②洞渣石渣需要晾晒,防止过湿洞渣石渣直接用于加工而影响碎石质量。③需要重视对排水系统进行构建,依照中间高、周边低的原则进行处理,修筑相应的排水沟,保证雨水能够快速排除,防止降雨影响成品和原材料导致污染。④还需要定期对维修设备进行检查,重点是对破碎设备、除尘器和震动筛等进行检查,及时发现问题并且进行修复,确保这些设备能够稳定运行。

(7)碎石加工的成本控制

利用隧道洞渣和路基石渣加工生产碎石材料的主要成本包括碎石厂建设投资、人工成本、设备的折旧费用以及加工能耗,但相比于远距离采购获取碎石材料的费用,其加工成本明显较低,降低了工程成本,具有较好的经济效益。同时,实现了洞渣石渣的资源化利用,减少了弃渣的数量,防止这些废弃物送入弃渣场而造成的环境污染和土地资源占用,实现了经济效益和环境效益的统一。

总而言之,利用隧道洞渣和挖方路基石渣加工碎石既消耗了洞渣石渣,又能够有效地解决道路工程建设中用料短缺的问题,在经济、环保方面有着明显的优势。不仅是提倡绿色交通发展的需要,也是资源节约型、环境友好型社会发展的具体实践。

由于地质条件的差异,在实际生产过程中,需结合隧道洞渣和路基石渣岩石力学特性、工程项目对碎石材料的需求量及技术参数要求、项目场地条件等因素,本着安全环保、经济合理的原则来选择合适的生产工艺,并在实际生产中不断总结和优化,在保障工程质量和环境安全的前提下,进一步提高经济效益。

工业场地设出入口五处,分别为人流出入口、汽运材料及矸石出入口、铁路来材料入口、运煤重车出口、运煤空车入口。各出入口相对独立,互不干扰。本矿井设有主、副井工业场地、风井场地、临时矸石周转场地。项目建设用地总规模为 157.35 hm²,其中工业场地占地面积为 66.29 hm²。地面建筑:矿井行政公共建筑总面积为 55 821 m²,建筑总体积为 217 296 m³。矿井辅助厂库房建筑面积为 20 517 m²。选煤厂主要工业建(构)筑物建筑面积为 46 437 m²,建筑总体积为 607 109 m³。矿井和选煤厂的生活用水一部分取自管井水,另一部分取用沉淀、过滤、超滤处理后的矿井排水;矿井和选煤厂的地面生产消防用水:沉淀、过滤处理后的矿井排水;井下消防洒水:沉淀、过滤、超滤处理后的矿井排水;绿化用水、道路洒水及选煤厂生产补充水:处理后的生活污水。

矿井工业场地建筑采暖季总耗热量为 29 640.5 kW,其供热热媒来自矿井工业场地锅炉房提供的 110/70 ℃热水。井筒防冻耗热量,亦由矿井工业场地锅炉房提供 110/70 ℃热水作为采暖热媒。考虑管网损失系数 1.15 后,总耗热量为 60 528.2 kW。非采暖季时非行政福利区总耗热量为 10 339 kW。

全矿井从井筒开挖至全矿竣工投产,建设工期为 37.0 个月。其中,施工期为 34.0 个月,全矿井设备安装调试及试运转时间 3.0 个月。综上所述,曹家滩的地貌特征较为良好,无特殊疑难工况。以曹家项目为例进行模型具体的应用分析,具有良好的代表性和普适性。

(三)BIM 和 GIS 平台模型数据融合方法

利用处理过的地形图进行建模,在 3DMine 中,选用软件中工具——线赋高程——搜索参考点赋高程(赋 Z 值)的方法进行赋值。经过测量分析,测量离等高线较远的标高与等高线之间的距离,合理设置参考范围,使赋值之后的等高线更加准确可靠。

赋 Z 值拟合后的地形图,往往受图纸数据详细程度、图纸绘制的精细程度、计算机拟合曲线的影响,会出现冗余点、冗余对象、钉子角和相交线等问题,需要对模拟的地形图逐项进行人工干预差错和修正,逐一对冗余点、冗余对象、钉子角和相交线进行修改后,建立三角网,根据已有的三角网格的边界条件信息,建立煤矿地表数字地形模型(digital terrain model,DTM)模型。

对修正后的模型进行对象信息测量,测得的地表面积为64 369.955 m²,模拟地形的三角片数目为24 319片,实现了在3DMine端的地形表面模拟。

在Revit界面中,利用插入—导入CAD,将3DMine中处理过后的图纸插入到场地平面图中,颜色勾选保留,图层可见,导入单位为米,将东西南北4个方向的方向符移动到对应的图纸边界之外,确保在地形模型生成之后在4个立面图中都能观察到完整地形。点选体量和场地菜单栏下面的地形表面模型选项卡,点选通过导入创建→选择导入→实例创建→从所选择的图层添加点,确保形成的地形表面使用的点与3DMine中使用到的有效点一致,也就确保了在两个不同的平台中创建的地形模型的一致性。

对比3DMine和Revit中生成的地表模型图,发现二者已经有非常高的相似性。Revit平台中测得的初始表面积为59 489.261 m²,初始的拟合度为92.4%,需对场地进行精细化处理,添加等高线进行趋近拟合。在场地设置中取消初始等高线间隔,初始等高线默认增量为1000,较为粗糙。经过对图纸等高线差值的分析,主等高线以2 m为间隔较为合适。在Revit中同样可以对冗余点进行精度设置,调整后的表面积为59 549.780 m²,拟合精度达到92.51%。考虑到软件程序拟合方法的差异性,表面模型已经具有较高的拟合度,在实际运用和分析中已经能达到使用要求。对于生成的地表模型,通过精度调整,将二者的模型拟合度保持在可控的范围内,即可分别针对已经建立好的地形模型进行下一步研究工作。

二、智慧矿山GIS模型的创建与应用分析

(一)创建地质数据库

地质数据一般通过钻探、坑探、槽探、物探等数据手段获得,通过地质编录了矿石品位、岩性、断层等分布情况。这些信息对应不同的矿种。不同的矿区格局不同。但总的来讲,有一些基本信息是必不可少的。例如,信息记录中的工程名称、取样位置、分析品位以及岩性,等等。要在3DMine中建立钻孔空间模型,首先要实现钻孔数据库的创建。通过数据手段获取地质数据后,进行钻孔数据库的创建。数据库包含的主要内容有4张表格:定位表、测斜表、岩性表和煤质信息表。定位表和测斜表属于空间定位表,而岩性表和煤质信息表属于间隔表。选择主菜单钻孔,新建数据库,在弹出的对话框中设定保存路径,建立新的钻孔数据库。默认的表格有定位表和测斜表,需要创建岩性表和煤质信息

表形成完整的数据库。创建对应的 Excel 表格,表格各项名称与数据库中各表格保持一致提高匹配度,3DMine 提供 3 种导入数据的方法,分别是从剪切板导入、从文本导入、从 Excel 导入。以从 Excel 导入为例,导入表格,保证数据库字段和 Excel 表格中的源文件字段一致,确保无导入错误信息。

在数据库完成的情况下,平台根据数据自动生成可视化的钻孔模型,在层浏览器中右键选择显示钻孔,进行显示设置后,3DMine 可以精准地显示钻孔模型,从而地质数据库以 3D 钻孔模型+钻孔数据的形式建立起来,数据查询便捷,可视化效果好。点击每个 3D 钻孔、即可在信息栏中包含的位置、测斜、岩性柱状分层信息、煤质信息,数据查询便捷,数据库文件保存格式为 .mdb。

显示钻孔后,可以对图案显示和文字显示进行设置。显示内容为岩性表,字段为煤层并确认,就可以在钻孔深度方向显示煤层深度与钻孔深度的相对位置。以钻孔 ZK2-06 为例。在煤矿 3D 信息建立的基础上,建立煤层顶底板模型。选择钻孔—地层—地层顶底板点,进行信息提取设置,十字标所显现的是 A 类煤的下层边界,而出现标红的钻孔表示只含 B 类煤的钻孔而不存在 A 类煤的现状。利用这些已有的边界点设置网格生成煤层模型。依据 A 类煤层顶底板数据生成初始顶底板表面模型,初始表面模型由于边界点之间未进行加密导致棱角突出拟合性差,使用起来有很多的局限性;对于薄面模型来说,容易导致煤层顶板和底板面交叠,不符合实际甚至煤层厚度变化失真的情况出现,所以需要对面模型进行网格估值。

选择表面—网格估值命令,选择合适的间距进行克里格插值计算,本研究在 X 与 Y 方向网格划分值均设置为 100,形成的煤层底板面更加平缓,对于矿量的估值也较为准确。在采区范围内,即在建模边界内进行全地层建模,依据煤层顶板和底板表面模型作为边界生成的实体模型可以粗略估计煤矿中各类煤矿的含量以及所处层次,以及不同煤之间的相对位置关系。利用同样的方法可以创建其他地质层次的 3D 模型,通过实体—实体体积命令,对实体进行开放边检查、无效边检查、自相交检查、子实体检查后,以 Excel 的方式输出实体体积报告。

以 3D 模型+四张表格的形式建立起可视化的地质数据库,丰富展现了勘测中的钻孔数据信息,各不同地质构造之间的相对位置关系。

(二)创建煤层宏观模型及含煤率分析

要进行含煤率分析首先要进行煤层宏观模型的创建。以 A 煤与 B 煤的顶板和底板的DTM模型为例,在形成煤层顶底板的基础上,生成块体模型,然后给块在块体模型的基础上添加边界条件,从而生成满足实际要求的煤层信息。由于煤层上部有岩石块体的存在,故先将煤层上部的采场现状导入创建好的模型中。

选择块体—创建—建立块体模型指令,对块体模型的尺寸进行设置,煤层在宽度方向面积较大,而厚度较小,所以在X与Y方向设置为100,厚度方向设置成0.5,次级模块大小选择,50×50×0.5。设置的值往往根据具体情况来定,由煤层的范围以及性能来确定。同时,对设计管理平台来讲,要注意系统对于块体量级处理的能力是有限的,不能将次级模块的值设置太小,否则系统无法处理过大量级的数据。虽然次级块体越小,模型误差越小,但是对比煤层巨大的储量基数而言,没有太大意义。次级模块的大小能满足使用要求即可。在层浏览器中右键—显示风格—取消显示块体的面模型。点击块体模型右键,添加约束显示。

约束类型有5类,分别是实体(指的是开放实体)、表面(单独的表面,表面以下是实体,表面以上是空气)、闭合性(不同的采取/不同的推进带)、块值(依附属性,如发热量等)、区域文件(将前述的各种文件组合形成综合约束)。灵活运用块体约束引擎,实现表面模型和块体模型之间的正确约束关系。将A煤和B煤的两个顶底板层表面模型作为块体模型的边界约束,进行布尔计算,将取交集改为取并集(AND改成OR),以实现块体约束模型的准确表达。点击块体模型—右键—新建属性,对创建好的块状约束模型添加属性。

将属性设置好之后,插入图例显示,不同的颜色表示不同的层之间的相互关系。添加属性后的块状模型图以及采场平面约束煤层块状模型,在立面图中,也准确地展示了A煤、B煤以及采场岩石层次之间的关系。类型和属性是固定值,用单一赋值法即可实现对于块体模型的赋值,而对于发热量需要用到其他的赋值方法。

对于煤矿的发热量来说,并非为固定值,不能利用单一赋值法来创建属性模型,需要用到距离—幂次反比估值法。在钻孔—地质建模—煤质参数中,可以调取地质数据库中的Qgrd、Mad、Std的信息。在新增记录下拉菜单中选择Qgrd、Mad、Std值,点击确认之后在模型界面中出现散点图。运用查询点的方法,对于任何一个点的位置信息,信息栏中按照顺序显示从煤质信息表中提取到的信息值。

在块体约束引擎中,将约束类型设置为块值,设置参数类型=A 煤,以 A 煤为例对 A 煤的 Qgrd、Mad、Std 属性进行距离幂次反比估值。对相关参数进行设置,可得到 A 煤相关属性块体模型,点选任意块体均可查询 Qgrd、Mad、Std 值。

通过块体—显示块体—按照属性值着色并添加图表,形成发热量分布图以及热量条形统计图。除了对煤的发热量可以进行计算,还可以对煤的其他煤质信息进行计算。几乎所有建立煤层模型的数据均来自钻孔数据库,建立煤层模型的关键在于创建一个好的钻孔数据库,能够随时方便信息提取,提取数据便于建立符合条件的块体模型、煤层模型、而且便于出图。在模型创建好的基础上,为了精确统计煤的体积和质量,需要对煤层中的夹矸石,尤其是大夹矸进行扣减,即对顶板和底板进行损失计算,以确保计算得到的储煤量较为精确。首先新建含煤率参数,在钻孔—地层建模—煤层损失贫化率设置框里下进行参数设置。系统自动计算并以 Excel 表格的形式生成煤层夹矸统计表,点击模型截面中的任意块体,在属性框中新增了若干有关煤矸石的属性,包括煤层综合比重、可采煤层综合比重、纯煤回收率、毛煤综合比重、损失煤量综合比重、顶底板损失煤综合比重、大夹矸损失煤综合比重、内剥离体积系数、毛煤矸石综合比重、毛煤含矸率(重量比)、混入大夹矸综合比重、混入小夹矸综合比重、外剥离体积变化系数、剥采比、大夹矸个数和孔号。这些信息是煤矿工程进行设计、管理以及采掘计划编制的重要依据。

在显示描述值中,将显示内容选为含煤率并生成含煤率散点图。再对含煤率进行距离幂次反比估值计算,同样只对 A 煤进行块体约束。利用块体—报告—报告当前区域量,生成块体模型报告和含煤率块状模型。在块体模型报告中同时设置输出 Qgrd、Mad、Std 平均值。

(三)煤矿巷道 GIS 模型相关分析

第一对巷道模型的创建方法进行汇总。在生成巷道的基础上,对交叉口进行连接,完成宏观巷道模型的创建,并制订采掘计划。在地下—采掘计划—定义排产指令框中,设置施工总工期的开始日期,定义掘进模型,设置掘进参数,生成采掘计划甘特图。对采掘计划甘特图进行二次排布调整,以满足采掘工作段的流水作业需求。

采掘计划可以根据二次调整后的甘特图进行动态模拟,指导项目实施进度。利用地下—采掘计划—重绘甘特图命令,对甘特图进行重新编排,使甘特图能满足正常的使用观感要求。在地下—采掘计划—报告中,对整个施工过程可以形成报告文件,对项目的开工日期、结束日期、工期、掘进数、总掘进体积、总费用、支护表面积进行统计。

(四)煤矿巷道 GIS 模型地下测量分析

巷道地下测量分析的目的是将生成的巷道模型进一步细化,使巷道截面的变化更符合实际,以实现其真实的空间布置。利用导线点步距法进行地下测量有 3 种方法。

测定两个导线点之后,在两个导线点之间,按照设定的步距在每个步距上测量左宽、右宽和高度。

较为详细地将高度分为了点上和点下两个总高度,以及导线点的 3D 度坐标。

四点内插拱法,按照点的位置表示出巷道形态的方法,在每个断面测量 4 个点的坐标,将数据批量导入后生成的连续巷道线模型。并从初始位置开始,沿着线每次经过 4 个点,都会生成一个闭合的巷道截面。依次连接相邻截面,并连接交岔口,生成直巷道模型。

解决了平面巷道的建模问题,接下来的工作就是修改巷道高程。用导线点为腰线赋高程(赋 Z 值),将测量好的腰线文件导入后,将周围测量好的导线点一并导入到图形区。当导线点没有到达巷道端部时,系统会根据巷道首末端趋势延伸距离推测巷道的标高。点加密距离的设置是为了让巷道高程起伏更加明显有利于设置的参数,确认参数后会在模型区域依附导线点生成高低起伏的巷道模型。

至此,就利用平台生成了较为精确的宏观巷道模型。巷道模型不仅可以结合煤矿宏观场地模型进行形象地展示,而且对于巷道中的各类定位信息,截面信息也可随时导出,用于精确指导煤矿巷道的项目实施并控制工期和费用,进行工期、费用的动态控制,形成 4D 和 5D 形式的智慧化管理档案。

(五)煤矿巷道 GIS 模型地下通风设计

通风设计是煤矿井下的重要设计环节,通风设计的合理性是巷道截面、长度等指标设计的基础。3DMine 平台的适用条件是:理想状态下的气体,不可压缩,其通风设计原理主要考虑以下内容。

根据斯考德—恒斯雷(Hardy-Cross)法结算通风网络;任何一个通风回路中的压降=0;流进节点的风量之和=流出节点的风量之和;阻力定律 $H=RQ^2$($R=$

aLU/S^3)。

通风系统设计主要分为测风点、进风巷道、回路、分支、节点、风门、出风巷道等。这些基本元素进行逻辑连接之后，形成了完整的通风系统。完整的系统是通风解算的基础，正确的解算结果是巷道设计合理的标志。

在 3DMine 通风版本中，首先进行初始化参数设置；再将其导入绘制好的巷道通风系统模型；对巷道参数进行编辑，点击任意一条巷道，在表中会同时高亮显示对应的参数值；对部分参数进行修正；参数设置完毕后，对通风系统进行检测，利用通风—检查网络指令，检查网络并进行迭代计算。

我们在通风—显示中可以同时显示两个通风的相关参数，如风速、压降、风阻等，并用双图例的形式表示出来，如风速和巷道面积之间的关系等。对于污染风的行走路径，可以选择通风—污风行走路径查看。在模型中点选某一巷道线，污染区域会在平台中动态显示，便于在出现紧急情况时对人员进行疏散。污风路径对紧急安全措施以及在煤矿安全中避难路径的规划提供依据、支持和帮助，最终的结果以 MS word 文档的形式输出通风报告。输出报告见曹家滩煤矿通风系统报告（导出）。对于通风系统的动画可以进行打印，同时会显示图例以及风流动的方向。

三、智慧矿山 BIM 建模的研究与应用分析

（一）煤矿场地 BIM 模型创建方法研究

在 Revit 中生成了工业场地地形后，在原来场地建模菜单栏下中停车场构件、建筑地坪和修改场地选项卡中的所有内容，由暗显变成高亮显示。场地建模中的场地构件、停车场构件、建筑地坪以及修改场地中的子面域、建筑红线、平整区域都可以用来表达地形地表。结合曹家滩风井场地，对图例和场地构筑物可以进行详细创建，不仅能进行设计方案论证，看设计结果是否符合实际，而且能对场地的总体规划布置有更加直观的形象展示，实现 BIM 平台的宏观场地布置。

在建模过程中，建筑地坪和子面域是经常用到的两个命令。为了使建模完全满足设计方案的需求，需要正确使用两者。建筑地坪是在我们的建筑区域内，按照设计方案进行场地整平时，在地形地表中挖出可以修改标高的平面，来定义平整后的场地；子面域可用来表示地表区域划分，只影响地表属性，而不影响原场地的形态和属性。子面域相当于临时占用地表，并可对占用的面积进行

材质定义和面积统计。

在总图设计中，从初步设计开始就应该对场地构筑物的占地情况和标高情况进行粗略的展示。随着设计深度的不断加深，模型精度或精细化程度也随之不断加深。即使设计中没有进行详细设计的构筑物，也要用场地体块的形式表示出来。工业场地模型创建、地坪定位和面积越精确，精细模型的后续统计价值、应用价值、交底价值、储存价值就越高，对于设计指导施工的实际意义更深远。工业风井场地设计总图、工业风井场地模型、以及工业场地模型的3D展示，模型与设计图的对比，具有很高的精度，为后续巷道进风进口和通风口的准确定位提供了基础。

（二）巷道BIM模型建模方法的研究

随着BIM系列平台的迅速发展，Revit不仅在房建项目管理中发挥了重要作用，而且逐渐的发展到道路、桥梁、综合管廊、化工厂等领域。虽然Revit对于同标高、体量大的建筑物或构筑物具有天然优势，但是对于线性的、坡度变化较大的斜体模型略显乏力。由于Revit在模型信息的处理方面，以及插件的综合应用方面优势巨大，故应在巷道模型创建方面研究其实现的方法。煤矿图纸的特点是线性明显，主井与地面以及大部分巷道均具有一定的角度，建模难度较大。

巷道坡度虽然标高变化频繁，但是每隔一段距离会有较为明显的变坡点。我们将变坡点之间的巷道作为一个基本单位，就能减少复杂的变坡。建模的基本思路：结合煤矿的截面图，将煤矿的断面进行分解，分为拱顶、侧面墙体、底板。建模思路分为3种：整体式建模、分离式建模、整体式和分离式相结合。

整体式建模主要考虑运用体量建模，直接以煤矿洞口截面形状为边界，路径为直线形状，创建空心体量模型。当路径为倾斜直线且路径较长时，拟合的隧道为一边窄一边正常的空心空间体，不满足要求。

整体式与分离式相结合的思路是分别用已有的构件进行平面建模，通过添加子图元标高的方法实现将平面构件转换为斜面构件。底板层次和构件复杂，难度较大。底板又分为水沟底板、水沟侧墙、矿车道底板、矿车道侧墙、垫层、石子层、矿车钢轨、台阶、坡道。经研究总结出相关的建模及调整方法。其命名规则参见相关规范，并结合煤矿巷道的特殊性。命名要突出模型族的定位，以便在后续的Navisworks平台中可以直接用作选择集，降低模型修改次数。

(三)煤矿 BIM 模型系统的设计优化及应用

由于巷道系统由直巷道和斜巷道相互连接而成,故对于每一段巷道,要在对于节点处进行连接建模。煤矿模型系统设计优化是指在煤矿工程地上、地下模型创建完整的基础上,对于地上工业场区的单位工程模型,结合其精细化的分专业设计图纸分别建模,然后对分专业模型进行组合,并调整模型碰撞问题;对于地下部分的机电系统,结合系统图进行分专业建模,调整模型位置,最终实现地上部分与地下部分模型结合形成完整的系统。对模型中的各种设计问题,进行及时地反馈和设计变更调整。

巷道及工业场区的微观建模都是煤矿工程建模的重难点。在巷道模型和工业场地模型创建完整的基础上,基于巷道模型可以进行大量的仿真性模拟。例如,对巷道内部整个盘区的巷道布置、采掘机械设备布置、井底车场、保护煤柱、井筒、避难硐室、通风及运输系统的布置。这部分内容在建模中属于较为常规建模。在巷道完成之后,对于巷道模型中的细节有清楚地可视化展示。利用 Revit 自带的相机功能,可以对巷道内部进行浏览。通过 Revit 附加模块中的 Fuzor Plugin 将模型同步到 Fuzor 中,对 3D 模型进行第一人称视角动态漫游,实现虚拟现实仿真,对于仿真结果以视频或者 Fuzor 的相关格式进行保存。模拟仿真的意义在于能够对井下真实的环境进行模拟。根据具体的设计方案模拟井下环境,能结合人体尺度、机械尺度做相关的管理决策。模型的精细程度决定了模型的使用效果。对 2^{-2} 煤运输大巷进行精细化建模,模型的命名严格按照巷道的主要位置—定位位置—构件这样的命名方式进行,并对巷道中的每一个构件的结构材质进行准确设置,对明细表中每一部分涉及的构件进行精确统计,形成模型形式的项目管理资料。

第三节 智慧矿山建设体系的成果管理研究

一、煤矿项目全寿命周期的各阶段成果归档与内容梳理

针对各个阶段的具体管理内容,各个阶段的归档文件内容、保管期限和保存单位不同。具体表现:对投资策划、勘察设计、项目施工阶段的文件进行梳理和总结,对项目运营阶段、项目报废阶段的文件进行了补充。其意义在于将管理过程中的项目文件以电子文档的形式储存到平台当中,规范煤矿建设过程文件的分类管理,并支持设置文件保存期限和文件上传下载,为智慧矿山的建设管理过程的各类文件提供可靠的储存平台。通过对建设过程文档进行规范管理,大大减少管理人员负担,为信息的储存和防止丢失提供了保障[①]。

投资策划阶段归档内容包括立项文件归档汇总、项目用地、征地、拆迁文件归档汇总。

勘察设计阶段归档内容包括勘察、测绘、设计文件归档汇总,招投标文件归档汇总,开工审批文件归档汇总,财务文件归档汇总,建设、施工、监理机构及责任人归档汇总。

项目施工阶段归档内容包括土建工程资料归档汇总,各专业记录归档汇总,室外工程归档汇总,竣工图归档汇总,竣工验收文件归档汇总。

项目运营阶段归档内容包括企业经营管理归档汇总,矿山生产计划编制及过程组织归档汇总。

项目报废阶段归档内容包括矿山报废申请及二次开发评估归档汇总。

二、煤矿项目重点成果的提交格式梳理

(一)投资策划阶段成果提交格式与管理

投资阶段的主要文件成果是由此阶段的工作任务决定的。工作任务主要包含项目建议书、环境影响评价报告、节能评估报告、可行性研究、社会稳定风险评估报告、水土保持方案、地质灾害危险性评价报告、交通影响评价报告等。由于3DMine中的文件格式比较多,主要有3DMine线文件:3ds、3DMine体文件:3dm、3DMine块体模型文件:blk等。

---

①暴慧峰. 探究智慧矿山建设架构体系及其关键技术[J]. 当代化工研究,2019(11):26-27.

(二)勘察设计阶段成果提交格式与管理

勘察设计阶段包含的主要内容:勘察任务书、勘察文件、方案设计任务书、方案设计文件、施工图设计任务书、施工图文件。

(三)项目施工阶段成果提交格式与管理

施工阶段虽然是项目实体的建造过程,但是仍然需要一些重要的过程控制文件以实现单位按照施工合同对工程成本、质量、进度进行控制,并协调投资人、承包人各方关系,约束双方履行自己的义务,同时维护双方的合法权益,并保证项目顺利实施。为了使建设项目在设计阶段形成的设计文件更好地转化为实体,需要对设计文件进行现场咨询、设计交底与图纸会审等相关内容。

实施阶段工程质量的管理工作是根据投资人的委托,按照建设工程施工合同,监督承包人用图纸、规范、规程、标准施工,使施工安装有序进行,最终形成合格的、具有完整使用价值的工程。图纸文献的备份,施工图级别的Revit模型的现场比对能起到非常重要的作用。

项目实施阶段进度管理主要是对进度计划进行跟踪检查、进度计划的控制以及进度计划的调整,以确保在合同约定的工期内完成建设项目。Revit模型结合时间线可以实现4D进度控制管理,Navisworks平台将模型关联时间及成本,可以在平台中进行计划进度和实际进度的形象进度展示,可以实现施工阶段的动态控制和及时纠偏。

在造价方面的管控工作重点是:资金使用计划,工程计量以及工程价款的支付审核,询价与核价,工程中变更、索赔、签证的发生以及工程造价的动态信息管理等。

第四节　基于 BIM+GIS 的煤矿安全应用分析

长期以来,安全生产一直是我国的一项基本国策,是保护劳动者安全健康和发展生产力的重要工作,同时也是维护社会安定团结,促进国民经济稳定、持续、健康发展的基本条件。安全生产的实质是在生产过程中防止各种事故的发生。安全工作是煤炭企业的生命线、幸福线。没有安全,就没有生产、没有效益、没有矿区的稳定发展和职工的家庭幸福。因此,只有稳抓、狠抓安全生产工作,才能全面提升企业的安全管理水平,才能确保企业安全生产,才能实现企业效益的最大化,才能更好地保持煤炭企业强劲的发展势头。煤矿安全的本质是人的安全[①]。

煤矿安全技术是以矿山生产过程中发生的人身伤害为主要研究对象,在总结、分析已经发生矿山事故的基础上,综合运用自然科学、科学技术和管理科学等方面的相关知识,识别和预测矿山生产过程中存在的不安全因素,并采取有效的控制措施防止煤矿事故发生的科学知识体系。针对 BIM+GIS 热点,在平台中进行相关仿真,将煤矿安全管理的内容,也能纳入平台管理当中。

一、煤矿安全的 BIM+GIS 应用点分析

(一)基于系统工程的应用点分析

现代矿山生产是一个复杂的系统。矿山生产是由相互依存、相互制约的、不同种类的生产作业综合组成的整体。每种生产作业又包含许多设备、物质、人员和作业环境的要素。一起矿山伤亡事故的发生,往往是许多要素复杂作用的结果。因此,只有综合运用各种矿山安全技术,才能有效减少伤亡事故。矿山安全的一个重要内容,就是根据对伤亡事故发生机理的认识,应用系统工程的原理和方法,在矿山规划、设计、施工、生产,直到报废的整个周期进行预测和分析,对煤矿企业加强监管,评价其中存在的不安全因素,综合运用各种安全技术措施,消除和控制危险因素,创造一种安全生产的作业条件。

系统工程的原理和方法要求煤矿安全在矿山规划、设计、施工、生产、报废

---

①许俊,田佩芳. 基于 GIS 的煤矿安全隐患排查治理综合信息管理平台设计及应用研究[J]. 中国煤炭,2017,43(01):82-88.

的全生命周期进行预测和分析。BIM+GIS 管理技术正好可以贯穿煤矿建设的全生命周期，对各阶段存在的风险进行分析，通过可视化地模拟，达到迅速决策的目的。智慧矿山建设管理体系配合其他的煤矿技术，可以做到双管齐下，提高矿山企业抵御矿山事故以及灾害的能力。

(二)基于事故发生理论的应用点分析

在煤矿企业发展的过程中，人们不断累积经验，探索事故发生规律，相继提出了许多事故为什么会发生，事故是怎么样发生的，以及如何防止事故发生的理论。工业伤害事故的发生是由人的不安全行为和物的不安全状态导致的。引起人的不安全因素主要原因可以归结为 4 点：对安全生产缺乏高度的重视或由于某种特殊的心理状态而忽略安全；缺乏安全知识，缺乏经验或操作不熟练；精神状态不良，如视力、听力低下和反应迟钝、疾病、醉酒或其他生理机能状态不佳；不良的工作状态。物的不安全状态主要包括工作场所照明、温度、湿度或通风不良，强烈的噪音、振动，作用空间狭小，物料堆放杂乱，设备、工具缺陷以及没有安全防护装置等。

针对缺乏现场安全知识可以通过在 Fuzor 中进行实景模拟，员工自主动操作漫游，不仅可以增加学习现场知识的积极性，还可以对紧急情况下进行模拟逃生漫游体验。当员工在真实面对灾情的情况下，镇定员工心态，提高逃生成功率，降低人员伤亡。在视力、听力低下等生理状态下，通过在 Fuzor 平台中添加危害声源，调节灯光照度进行生理机能场景状态模仿，模拟出特殊生理机能人群遇到灾情时的实际场景，并可以个性化制定其逃生方法或者追加安全设施。对于空间狭小处的物料堆放，通过在模型端进行物料模拟摆放，合理利用空间，降低因为空间不合理规划带来的安全风险。对于现场设备工具缺失以及安全防护装备的缺失问题，通过轻量化的模型在移动设备端进行展示，定期对比检查模型与实际现场设施装置的数量是否统一，检查现场安全防护装置是否存在缺损，从而降低物的不安全状态发生的概率来提高煤矿工程现场安全。负责现场检查的员工，对现场设备的完整性做记录反映在模型中，如磨损、老化、腐蚀、疲劳等。这些降低安全性的设备状态通过添加共享参数的方式统计在模型中，定期更新模型设备状态来刷新明细表，维护和更换相关的设备，提高现场管理安全管理的效率和水平。

(三)基于生产可靠性理论的应用点分析

可靠性是指系统或系统元素在规定的条件下和时间内,完成规定功能的能力。可靠性是判断和评价系统或元素性能的重要指标。而系统是由若干元素构成的,系统的可靠性取决于元素的可靠性及系统结构。按照系统故障与元素故障之间的关系可以把系统分为串联系统和冗余系统。串联系统的特征:只要串联系统中的一个元素发生了故障就会造成系统故障。冗余是把若干元素附加于构成基本系统的元素上来提高系统的可靠性,其特征是:只有一个或几个元素发生故障时,系统不一定发生故障。

矿山生产作业是由人员、机械设备、工作环境组成的人、机、环境系统。基于生产可靠性理论,整个系统的设计需科学合理,包括机器的人机学设计、人机功能合理分配及生产作业环境的人机学要求。具体表现:显示器的设置应符合人的视觉特性,满足功能的前提下应排列合理,减少视觉负担;操纵杆的设置应使人员操作方便、省力、安全,并考虑身体极限活动范围,具备防止误操作的功能;加大对矿山作业环境的优化,提高光线质量,减少噪声及振动,降低粉尘及有毒有害物质的排放。通过添加冗余度来主动提高矿山作业的抵抗风险能力,可以有效降低安全事故的发生率。通过Revit模型嫁接Fuzor平台能实现控制显示器布置优化,操纵空间布置优化以及环境声源和光源的调整等。在平台中模拟各类提高生产可靠性的方案,通过由虚拟到现实的对比优化,最终提高生产安全管理质量。

二、煤矿安全工程中基于Fuzor平台的相关模拟

将Revit中巷道模型同步至Fuzor平台中,检验煤矿巷道建模,巷道倾斜度、角度、巷道内部设计是否符合人体尺度,以及进行安全模拟和巷道漫游仿真,对于巷道空间进行多路线漫游,可以模拟矿工在井下的实际行走路线,从而在煤矿工人下矿之前,就可以对井下路线形成宏观印象,有效预防矿工误入回风巷道中,造成过大的身体危害。同时,利用Fuzor平台可以模拟规划出不同场景下和遇到不同的工况时,能保障煤矿员工生命安全的逃生路线;还可以对巷道进行监控模拟。通过Fuzor对煤矿巷道进行监控布置,能有效实现在关键位置、重要的安全节点进行全方位监视,从而实现煤矿工程的井下安全管理。

(一)巷道漫游仿真模拟

Fuzor平台提供了强大的分析功能,对于Revit模型可以进行良好的模型对

接。将模型导入Fuzor平台中可进行相关的仿真模拟。并且针对建模人员的操作习惯提供了两种模型漫游的方式:第一人称漫游,在巷道中移动的过程中的操作习惯完全和Revit中的建模习惯相同;第三人称漫游,可以通过放置人物的方式,控制人物行走,来实现仿真模拟。模拟环境效果优良,身临其境,便于生动地进行安全教育,并能辅助项目决策。

(二)巷道监控模拟

井下监控也是保证井下安全监督的重要举措。在Fuzor中进行有效的监控模拟,不仅可以对监控器进行合理选型和相关参数设置,而且对于其安放位置可进行多次模拟,直到满足监控要求,同时对监控画面也可以切换。

在监控器中央显示模拟中,左上角监视区域中显示不同监控器中的画面,监控区域中可以对CCD芯片尺寸、CCD焦距进行模拟切换,以达到真实的模拟效果,右边为当前监控区域,也是放大显示区域。编辑监控可以对该监控器进行方向和焦距的调整,以实现最真实的监控模拟效果。点击监控器,可对监控器的构件属性进行编辑。

(三)巷道危险工况模拟

对于着火、管路崩裂和污风巷道等工况的模拟,用放置焰火、气体、烟雾、喷泉、喷淋等特效功能模拟灾害发生,并可以加载新特效,结合实际工况利用特效进行模拟。平台主界面的右上角,有显示人物当前位置的动态地图,可以辅助我们在灾害时期对逃生路线做出决策。对于有视力障碍的人,可以通过调节模型中的光线强度来实现近似的模拟;对于有听力障碍的煤矿工作人员,在发生灾情附近的构筑物或构件上,点击构件,添加外置的波形声音文件,通过对原声音文件音量的调节,结合计步器计算模拟灾害发生时,声源与矿井人员之间的可听辨距离,保证矿井人员的实际听觉感受与模拟状况一致。这样就能模拟有视听生理缺陷的工人在矿井下的实际工况。通过此类仿真,实现煤矿安全决策的真实性和准确性。

第八章　基于BIM的露天矿矿岩运输系统模型构建及应用研究

第一节　实施BIM的可行性分析与优势分析

一、基于BIM的露天矿矿岩运输系统可行性分析

(一)露天矿山的信息化分析

随着计算机技术、通信技术等技术在矿山领域的应用,露天矿山建设也逐步地向信息化发展。办公局域网、办公自动化软件、信息管理软件、财务管理软件、人力资源管理软件等在矿山内部的运用,提高了对信息的使用效率和共享效率,从根本上提升了信息化在露天矿山的发展水平。但与其他行业相比,露天矿山领域的信息化水平还相对落后。主要表现在以下3点[①]。

1.容易产生信息孤岛

信息化的主流思想就是信息共享,一个部分或少数部分的信息化并不是真正的信息化。目前的企业还主要把目光放在单项开发和应用上,同一企业的不同领域信息化水平并不相同,不同领域的信息化标准不同。这样就容易形成一个个信息孤岛,即造成了不同信息转化和流通的难度,也会对整个企业的运作效率造成影响。

2.信息化装备水平不高

目前,很多企业的信息化水平仅仅停留在办公自动化方面,或只是完成了信息化建设的雏形,并不能实现信息化为露天矿山领域带来生产力的提升。

3.对信息化认识不足

采矿业自古就是劳动密集型产业,在劳动力充足的国内市场,更削弱了信息化在采矿行业内的地位。

---

①景觅,胡达涛.某大型露天矿深部运输方案优选[J].现代矿业,2016,32(03):43-45.

(二)露天矿山建模技术分析

露天矿山建模开始于项目的方案论证阶段并贯穿项目建设的全生命周期，是一个不断建模不断完善的过程。建模的质量影响着项目的审批、项目的实现以及矿山停止生产后采空区的规划。现阶段，我国在露天矿山建模中较多地使用 CAD 软件，CAD2D 设计还处在主流地位。不能否认，CAD 把设计人员从绘图板上解放出来，减少了修改设计所用的时间，让设计者更容易表达设计想法。但是在信息化影响下的高效率生产，使露天矿山规模日益扩大，也使矿山建模更加精细与复杂。在这样的要求下，CAD 便暴露出一些问题。

1.工作效率较低

以露天矿境界布置为例，露天矿境界的布置要求设计者有一定的空间想象能力，来表达若干年后采场的俯视图。但当一条境界线出现问题时，CAD2D 设计还可以方便地修改；当对一个部位进行修改时，多数情况下就意味着方案的重新布置。方案布置就使设计者把主要精力放在方案构建上，而不是方案选择上。

2.模型可视化较差

矿山模型中会涉及等高线、边坡线、道路和各种建筑。这些模型目前多采用线条来表示。有时为了区分不同模型还要选用不同的颜色来区分，这样既不利于模型的识别与构建，也为模型的信息传递带来了障碍。以矿岩运输系统的设计为例，在其设计中，比较常见的模型为道路模型和胶带模型。在 CAD2D 设计中道路模型常采用一对平行曲线来表示，胶带模型则采用方框加平行线的方式表示或是采用与道路模型不同颜色的线段表示。在这种情况下，图例就变得十分重要。在一个复杂的设计中，单是图例就会占用很大篇幅。

3.模型用途单一

以绘制露天矿境界剖面图为例，在 CAD 中为方便绘制剖面图，要调用二次开发程序。这个过程的前提是为境界附加标高，而附加标高又会使目标图形失去方便修改性。因此为绘制剖面图而修改的图形只能用于剖面绘制。除此之外，如果目标图形被修改，以上的过程就会被重复，直到方案确定。

(三)矿业工程与建筑工程的相似点

虽然位于第一产业的矿业工程与位于第二产业的建筑业不属于同一产业，但矿业工程和建筑工程同属于建设工程，并具有很多相似点。

1.参与方相似

矿山工程与建筑工程都需要有业主方、设计方、施工方和监理方的参与。业主方为工程建设提出建设目标，以出资或投资的方式为工程建设提供资金保障，并完成投资控制、质量控制、进度控制、合同管理、安全管理、信息管理以及设计方、施工方和监理方的组织协调工作。设计方会根据建设工程的要求，对建设工程所需的经济、技术、环境、资源等条件进行综合分析与论证，编制建设工程设计文件。任务主要包括与设计工作相关的安全管理、设计成本控制和与设计工作有关的工程造价控制、设计进度控制、设计质量控制、设计合同管理涉及信息管理、与设计工作有关的组织和协调。施工方则承担施工任务，任务包括施工进度控制、施工成本控制、施工合同控制、施工质量控制、施工安全管理、施工信息管理、与施工相关的组织和协调。监理方按业主方的要求来管理监督整个工程的设计、施工的进度、质量等。

2.项目阶段相似

项目阶段都包括决策阶段、设计准备阶段、设计阶段、施工阶段、营运阶段和后期阶段。

(四)可行性分析

BIM诞生的初衷就是为了解决信息高效利用和信息高效共享的问题，露天矿山在信息化中表现出的信息孤岛、信息化装备水平不高等问题，可以在BIM的帮助下得到很好的解决。BIM作为信息化模型，是一个一劳永逸的建模过程，既可以提高建模质量，也可以提高建模效率。除此之外，多软件协同设计是BIM实现的必经之路，矿业工程3D设计软件(如3DMine)与BIM软件的结合可以补充露天矿山模型构建方法。

二、基于BIM的露天矿矿岩运输系统优势分析

从快速建模、3D查看和工程量统计三方面应用论证基于BIM的露天矿矿岩运输系统的优势。

(一)快速建模

快速建模指快速且准确地构建道路模型，不需要让设计者处理与方案可行性无关的数据。在传统2D道路模型设计中，道路在坡度上的可行性是在道路设计完成后进行的。方法大致如下：先估算道路长度，再确定道路连接的不同标高，并计算高差，最后再根据高度与长度比计算坡度。这种方法对计算少量

道路的坡度是可行的,对于复杂设计则要耗费相当长的时间。由于过程复杂,设计者往往只考虑主要道路的坡度,从而可能导致部分设计在坡度上失去可行性。除此之外,在方案评审过程中,评审专家会根据初步设计等报告中提供的坡度,对设计进行验算,使用的方法和设计者相同。由于效率较低,评审专家也只能对部分道路进行验算。采用BIM技术进行道路设计,道路的坡度、边坡等信息是通过参数进行添加的。设计者只要规划出最优的路线即可。使用参数进行设计,就是将常用的图元提取出来,通过输入参数的方式,实现图元的创建。这样既减少了设计人员对图元绘制的学习时间,也提高了设计人员的绘图质量,实现快速建模。

(二)3D查看

露天矿矿岩运输系统模型构建是一个抽象的工作,既要求设计者有丰富的想象力,也要有丰富的经验。3D查看可以很好地解决设计师想象力的问题,帮助设计者随时地对检查设计和展示效果。

(三)工程量统计

在传统CAD设计时代,CAD2D平面图纸仅存储了点、线、面等信息。计算机难以计算图纸中包含的有限图元信息,所以需要依赖富有经验的人员对图纸中包含的工程量进行计算和统计,或者是采用专业的工程量计算软件。前者需耗费大量时间和人力,还会产生大量的错误;后者需要建立特有的计算模型。以计算分层量为例,分层量的计算需要借助CAD和Excel软件。为了使计算数据更加准确,先要使用补线或去线的方法使计算目标成为一个闭合的线,再使用列表命令查看闭合线所围成的面积,将面积输入Excel,如此重复直到所有闭合线面积计算完毕,最后将数据通过公式进行近似计算得到最后结果。这种方法会在整理图形和获取数据两个环节耗费大量时间,有时一个很小的项目就要花费一天的时间来计算一种方案的分层量。以相关联图元构建起来的BIM模型,包含着图元本身及图元与图元之间的参数化信息。这些信息存储在特定的数据库中,可以方便地调用和处理,既可以提高计算效率,也减少了由于人工介入而存在的不可避免的错误,达到了事半功倍的效果。露天矿山工程的工程量统计由于地形不规则,常常需要近似计算。这样就带来了一定的误差,将BIM技术引入露天矿山工程工程量统计,既可以提高效率、减少误差,也可以解决传统矿山模型用途单一的问题。

第二节 基于BIM的露天矿矿岩运输系统建模平台选择

一、基于BIM的Civil3D平台选择

BIM软件是实现BIM的基础。虽然目前并没有一款特意针对露天矿矿岩运输系统建模的BIM软件,但可以采用建筑业的BIM软件对露天矿矿岩运输系统的BIM建模进行研究。国内比较常用的BIM软件有Autodesk的Revit以及AutoCAD Civil 3D。通过对比发现,AutoCAD Civil 3D更适合露天矿山相关模型的构建[①]。为此,本研究选用AutoCAD Civil 3D对问题进行研究。AutoCAD Civil 3D软件是一款Autodesk公司推出的面向基础设施行业的BIM解决方案。它为基础设施行业的各类技术人员提供了功能强大的设计、分析以及文档编制功能,并广泛适用于勘察测绘、岩土工程、交通运输、水利水电、市政给排水、城市规划和总图设计等众多领域。借助AutoCAD Civil 3D,设计者可以把更多时间用于推敲设计,简化烦琐的项目工作流程,提供更高质量的施工文档,同时缩短整个项目的设计周期。除此之外,2013版本的AutoCAD Civil 3D还集成了AutoCAD Map 3D,使其可以集成CAD和多种GIS数据,为地理信息、工程规划与决策提供必要信息。笔者选用AutoCAD Civil 3D 2013进行露天矿矿岩运输系统建模。Civil 3D与Revit在建立BIM模型的原理上有所不同,Civil 3D是基于CAD建立起来的BIM平台,Revit是根据BIM思想建立的、独特的BIM平台,但Civil 3D具有BIM要求的全部特点。

(一)3D动态设计

3D动态设计是Civil 3D的一个重要特点。3D动态设计在这里有两层含义,第一,Civil 3D是基于3D模型的设计,设计结果为实际的3D模型,而非类似于轴测图的视觉3D;第二,Civil 3D通过智能对象之间的交互作用实现设计过程的自动化。特别是第二层含义,为矿山模型的建立提供了方便。以绘制矿山模型剖面线为例,剖面线会随着矿山模型的改变而自动调整,不需要设计人员重新绘制,大大提高了设计效率。

---

①邱明明. 基于BIM的项目设计质量管理研究[D]. 南昌:南昌大学,2019.

(二)参数化设计

Civil 3D 的对象是参数化的,可以通过准确的数字进行对象的创建。

(三)自定义设计

Civil 3D 提供了许多可供直接调用的对象,也提供了自定义对象。设计师可以根据工程的需要自定义所需的对象。自定义生成的部件也可以在不同的模型中进行调用。

(四)设计分析

Civil 3D 可进行多种工程分析,为模型建立提供快捷的信息,如高程分析、坡度分析、跌水分析、汇流区分析、自由驾驶分析、可视度分析、土方量计算等。

(五)协同工作机制

Civil 3D 提供了一系列协同工作选项。设计师可以根据项目大小与复杂程度选择共享图形、在图形间共享对象以及使用基于数据库的项目协同管理工具。以上 3 种共享数据的方式可分别通过外部参照、数据快捷方式以及 Autodesk Vault 中的对象引用来实现。

(六)数据交换机制

BIM 不是一个软件所能完成的事情。某个软件的工作成果,能否被不同阶段、不同专业的其他软件识别并利用,决定了这款软件在设计中是否重要。因此,不同软件之间的数据交换就成为 BIM 模型搭建的关键环节。数据交换机制是 Civil 3D 与其他软件进行数据交流的通道。Civil 3D 可以通过 .dwg 格式与 Revit 进行数据交换,可完成不同专业间的数据交流;通过 Civil View(Civil 3D 和 3ds Max Design 上的插件程序)与 3ds Max Design 的数据交换,可完成渲染等工作;通过 .imx、.shp 或 .sdf 格式与基础设施概念设计(autodesk infrastructure modeler,AIM)的数据交换,可完成方案对比、项目汇报与审批;可与 Autodesk Navis-Works Manage 进行无障碍交流,完成项目校审工作。

二、对象研究

AutoCAD Civil 3D 是基于 CAD 建立起的 BIM 平台,虽然许多术语和操作与 CAD 相似,但一些术语和操作是 Civil 3D 特有的。要理解 Civil 3D,需要对以下术语进行说明。

（一）点

点是具有 X、Y、Z 坐标的基本对象。点常用来标识地面位置和设计元素,如道路定位点、建筑物角点等。

（二）曲面

曲面为露天矿山建模提供原始的数据,是3D模型设计的基础,也是最常用到的对象,如地形曲面和道路曲面。曲面分为两大类:一类是真正意义上的曲面,另一类是体积曲面。按照剖分形式的不同,它们又各自分为三角网和栅格。

（三）路线

路线可以理解为标示道路、轨道等所处位置的一条没有宽度的线,其为创建曲面纵断面、装配的分布等提供数据来源。

（四）装配

装配即道路模型的标准横断面。装配是道路模型的基础结构,是由更小的单元组成。组成装配的小单元叫做部件,例如,车道、边坡等部件。根据地形或使用情况的不同,道路的横断面也会随之不同,但都可以看作是车道、边坡等部分的组合。因此,千差万别的装配都可以由部件组合而成。装配基准线是一条虚拟的垂线,位于装配的中间,起到划分装配左右部分的作用,也就是位于道路中心线的位置。基本车道部件是构建道路模型的基础,设计师可以通过参数改变基本车道的长度、坡度及厚度来创建一个设计者所需要的装配。填挖方坡度布局模式是一个动态的部件,可以根据地形自动生成填方和挖方的效果。

（五）纵断面

纵断面在CAD图形中是一个被动的设计,其作用多为剖析地质内部结构,或检查设计在坡度等方面的合理性。在 Civil 3D 中,纵断面则是一个设计要素,有时需要进行主动设计。常用的纵断面有曲面纵断面和设计纵断面:曲面纵断面常用来表示地形的走势,可以选择路线和曲面来快速生成,并可以与路线和曲面的改动保持动态更新。这也是BIM设计与传统2D设计一个重要的区别。除了路线,曲面纵断面也可以沿2D直线、3D直线或多段线、地块线、一系列点等对象进行快速创建。设计纵断面用来表示道路与地形的位置关系,需要设计师依据曲面纵断面进行设计。设计纵断面是生成道路模型的一个数据来源,决定了道路的坡度、填挖方量等要素。

(六)道路

道路对象是将以上各种对象和数据(曲面、路线、装配和纵断面)进行集成的结果。Civil 3D 中的道路泛指一切类似于道路的、具有标准纵断面的带状物,可以是水渠、铁路、堤坝等。

三、对象行为研究

在传统 CAD 中,矿山模型是由点、线、面这 3 种图元拼凑起来的,是一种比较会意的设计。而在 Civil 3D 中,矿山模型是由对象组成的,并且每个对象都有特定的含义,是一种比较直观的设计。低层对象还可以组成高层对象,并且更新的信息可由低层对象向高层对象传递。

四、曲面设计研究

矿山模型的构建,首先就是进行对象设计,如地形、装配、纵断面、道路设计等。其中,地形和道路都是比较高层的曲面设计,装配和纵断面设计包括在道路曲面设计中。

(一)地形曲面设计

地形曲面可以由多种数据生成,如.TXT 点文件、CAD 等高线对象等。通过.TXT 点文件创建地形曲面,可将 3D 点数据转化为可视的 3D 地形曲面。通过 CAD 等高线创建曲面,是比较常见的形式。因为在多数情况下,原始的测量数据是通过 CAD 的 DWG 文件提供的。然而,同样的视觉效果,CAD 图只能称为一堆多段线的集合,Civil 3D 图则是一张真正的曲面。

(二)道路曲面设计

道路曲面设计较地形曲面设计复杂,涉及地形曲面、路线、装配、纵断面的设计。

五、模型创建

除了露天矿矿岩运输系统模型构建,露天矿山模型也可以采用 Civil 3D 来构建。露天矿山模型包括矿山开采境界模型、排土场模型、矿岩运输系统模型、厂房模型等。

(一)开采境界模型

矿山开采境界又称露天矿开采界线,境界按技术上的可能性与经济上的合理性,确定露天采矿场最终可能达到的采矿范围,即由上部和下部边界线所限定的范围。它主要决定于矿体的埋藏条件、开采技术条件和设备等。

(二)排土场模型

排土场模型在露天矿山建模中占有重要地位。排土场也称为废石场,是堆放开采剥离物的场地,为矿山长期存放或周转废石提供一个空间。排土场设计是矿山设计中的一个很重要的部分。特别对于露天矿山,由于其剥离量相对较大,需要有容积较大的排土场。岩石(废石)量的多少将直接决定排土场的容积大小,确定松散系数以及下沉系数后,即可得到排土场容积的设计目标值。因此,设计排土场的问题就是确定排土场边界和标高,使其围成的容积满足设计目标值的过程。使用传统的2D设计方法设计排土场,只能设计出排土场范围和排土场的典型剖面,很难形象地展示出排土场的详细情况,要求出相对精确的容积就更加困难。Civil 3D中的"放坡"功能为排土场设计提供了一种新的方法。只需为放坡设定相应的参数,就可以为排土场的终了情况创建一个曲面。通过终了曲面的帮助,设计者可以清楚地了解排土场的细节,还可以方便地修改排土场的边界,从而使排土场的设计更加合理化。除此之外,设计者在排土场终了曲面的帮助下,可以随时得到排土场的容积、纵断面等情况,可以时刻将设计容积值与实际容积值进行对比。

(三)矿岩运输系统模型

矿岩运输系统可以理解为矿山的血管,矿产资源通过运输系统不断地输出矿山。

第三节　基于 BIM 的露天矿矿岩运输系统模型构建

一、露天矿矿岩运输系统

(一)露天矿矿岩运输系统方式研究

运输系统表征了露天矿的开拓方式、矿山工程状态和工程发展的相互关系以及采场各采掘工作面与各矿岩排卸点的运输联系。露天矿运输系统的布置直接影响到矿山采剥工程的发展及矿岩的运输距离。露天矿矿岩运输方案主要有 3 种形式:全汽车运输、汽车—有轨设备联合运输和汽车—破碎站—胶带半连续运输[①]。

1.全汽车运输

全汽车运输开拓抗线比较短,并且形式较为简单,有很强的地形适应能力,可以设置多个出入口对矿石、岩石进行分散运输。全汽车运输可以采用移动抗线开拓,从而提高矿石生产效率、增强矿山采矿能力;但是随着开采深度的增加,矿岩运距不断加长,运输难度不断加大,从而造成车辆台班运输能力逐渐降低。采用全汽车运输,随着采坑开采深度的不断加深,运输成本也随之增加。

2.汽车—有轨设备联合运输

汽车—有轨运输联合运输具有投资小、运输成本低的特点,但是有上坡下坡能力弱的缺点,导致有轨设备只能在坡度比较小的采场、排土场等场地运用。

3.汽车—破碎站—胶带半连续运输

胶带运输是一种高效的半连续运输方式。虽然前期投资比较大,但运营成本比较低,使胶带运输在大型露天矿得到很好应用。在某些露天矿中胶带可达数十千米之长。根据经验,当开采深度不大于 150 m 时,全汽车运输和胶带半连续运输的费用大致相等;当开采深度大于 150 m 时,全汽车运输的运输费用急剧增加,每增加 100 m,运费增加 50%,而胶带半连续运输的运输费用增加不多,每增加 100 m,运费增加 5% ~ 6%。

---

①张彩杰. 露天矿山运输系统风险分析及路径优化研究[D]. 广州:华南理工大学,2016.

(二)露天矿矿岩运输系统建模方法研究

露天矿矿岩运输系统模型构建方法可以分为3种:平面线条设计法、参数化函数扩展设计法和断面设计法。

1.平面线条设计法

平面线条设计法的代表软件为 AutoCAD。平面线条设计法绘图较为简单,只需用多段线绘出道路的走向即可,但是对于复杂地形和最小转弯半径有要求的道路,绘图效率就会大大降低。对于复杂地形,主要解决坡度的问题;对于最小转弯半径问题,平面线条设计法的实现方法:绘制道路走向;在需要设置最小转弯半径的地方绘制以最小转弯半径为半径的外切圆;用剪切命令剪掉多余的线段和圆弧;用连接命令将多段线和圆弧连接;用偏移命令设置道路宽度,并生成示意道路的另一条线段。绘制一个弯道,平面线条设计法需要调用外切圆命令1次,剪切命令2次,连接命令1次。这些命令对于方案设计作用很小,但却会占用大量时间,并且对局部进行移动修改时,道路宽度和最小转弯半径的参数会发生改变。绘制完成的道路模型要根据方案的需要选择颜色和图例来说明模型的性质和用途。平面线条设计法在绘制简单模型时较为方便。

2.参数化函数扩展设计法(后文称扩展法)

扩展法的代表软件有3DMine、Micromine 等,是矿业工程3D设计软件对露天矿道路设计的主要方法。根据采坑内道路和采坑外道路,扩展法有所不同。扩展法设计采坑内运输道路需要同境界布置同时进行,实现方法:设置公路参数(如公路宽度、公路坡度、公路方向/顺逆时针、坡度方式等),定义公路起点,扩展台阶(设置境界台阶参数,如坡面角、台阶高度等);道路和台阶模型生成;安全平台扩展。将以上过程进行重复,即可生成包含道路模型的露天境界模型。扩展法对采坑外运输道路的设计较为独立,实现方法如下:设计中心线,通过参数设置线段圆滑,通过中线偏移扩展道路宽度,通过扩展至全数字地面模型(digital terrain mode,DTM)设置填挖方坡度角,生成填挖方效果,使用闭合线裁剪、粘贴等命令使道路模型替代道路覆盖的原始地形,生成表面模型。扩展法对采坑内运输道路的设计有较大优势,可以根据运输道路对境界进行修改,使道路和境界更加协调,但在采坑外道路设计和运输方式扩展方面略显不足。

3.断面设计法

断面设计法的代表软件为 Civil 3D,是比较专业的道路设计软件。这里的道路不仅指公路,还指一切像公路一样的带状物。断面设计法是通过对道路横断面以及纵断面的设计来达到建模的目的。断面设计法可以实现道路的分阶段协同设计,为方案设计和方案修改提供方便,还可以根据横断面的不同将运输方式扩展到胶带、铁路等方式。

(三)模型构建技术路线

通过对基于BIM的Civil 3D的研究和对露天矿矿岩运输系统建模方法的研究。

二、矿岩运输系统运输方式与运输路线选择

(一)矿岩运输系统运输方式选择

运输方式选择可以借鉴类似矿山的优秀方案。更重要的是,将运量、矿岩运升高度、运距和矿山下降速度4种参数作为参考,再通过各种可行方案现值的对比进行优选。

(二)矿岩运输系统运输路线选择

运输路线的选择就是最优(最短)路径的选择。通过一定的算方法来计算出有限种路径,并根据实际情况在计算结果中选出最佳结果。最短路径在广义上不仅指距离最短,还可以指时间最短、费用最少。但在矿山系统中,各种既定的运输设备在性能上已经无法有质的改善,在时间和费用上的最优,都可以归结到运距的最优。运距最优可以分为两种:一种为一点到多点的运距最优问题,另一种为多点到一点的运距最优问题。前者的解决可以以蚁群算法为例,后者的解决可以以最小运输功算法为例。鉴于需要对破碎站位置加以选择,即多点到一点最优问题的解决,在此对最小运输功算法加以描述。在运输过程中,运输功最小,运输成本也最小;计算出最小运输功,就可以得到选址的最佳方案;由功的定义可知,露天矿矿石或岩石的汽车运输功包括两部分,一部分是矿岩克服道路滚动阻力所做的功W_f,另一部分是改变矿岩势能所做的功W_e。

运输功理论表达式为:$W = W_f + W_e$;$W_f = \dfrac{H}{\alpha} G\omega \cos\theta + G\omega L$;$W_e = GH$。由以上公式可得:$W = G\left[\omega\left(\dfrac{H}{\alpha}\cos\theta + L\right) + H\right]$

式中,H为克服重力的高程(km);α为坡度(%);G为汽车有效载重(t);ω为道路滚动阻力系数(0.03~0.04);θ为道路倾角(rad);L为无坡段运距(km)。在运输功实际计算中,要设置步距和一个目标点,设步距为D,目标点坐标为$(X, Y,$

Z)。计算机按步距将需要计算运输功的目标划分为以步距为边长的步距块。由此得到各步距块的质心点,设质心点坐标为(x_i, y_i, z_i)。步距和目标点确定后,即可计算一个目标点的总运输功:$W_i = \sum_{j=1}^{n} W_{ij}$。

式中:i, j为步距块编号。在W_{ij}的实际计算中,G常用密度(ρ)与体积的乘积表示,$\cos\theta \approx 1$,由此根据$W = G\left[\omega\left(\dfrac{H}{\alpha}\cos\theta + L\right) + H\right]$,$W_i = \sum_{j=1}^{n} W_{ij}$将公式坐标化得:$W_i = \sum_{j=1}^{n} D^3 \rho\left[\omega\sqrt{\left(X - x_j\right)^2 + \left(Y - y_j\right)^2} + \sqrt{\left(Z - z_j\right)^2}\right]$

三、协同设计研究

随着露天矿山趋于大型化,矿岩运输系统的建设也越来越复杂。因此,进行多人员协同设计,会对设计进展带来很大帮助。设计师可以根据项目的大小和复杂程度,选择3种协同方式:外部参照、数据快捷方式和Autodesk Vault。

(一)协同方式选择

外部参照是从AutoCAD中沿用过来的,但拥有AutoCAD中不具备的功能(在外部参照中添加对象标签和访问道路模型数据),可以将一个设计图纸分割成若干部分进行设计,并以外部参照的方式进行拼接,就是俗话说的"不将所有鸡蛋装进同一个篮子"。这样既可以将设计任务分割,也可以保证设计信息的安全。当设计信息受损失时,可以很大程度地将损失限制在一定范围内,而不会波及全部设计。损失的设计信息经过回复后,可以以外部参照的方式被添加到其他设计中。如果说外部参照是将设计的不同部分进行协同设计,那么数据快捷方式可以完成设计不同阶段的协同,还可以将设计中的对象进行共享(如曲面、路线等)。数据快捷方式的应用可以使设计更加专业化,设计师只需专注于一个设计阶段的设计,在一定程度上提高了设计的质量和效率。数据快捷方式的对象还可以经过网络进行共享。这样更有利于多用户的协同作业,但在Windows环境下的文件系统不具备版本控制、文件访问冲突检测、数据安全监测等功能。这些功能需要在AutodeskVault服务器的支持下方可完成。通过对以上研究的总结可以得到以下结论:对设计部分的分割,可以采用外部参照协同方式;对设计阶段的分割,可以采用数据快捷方式协同方式;对于多用户对复杂项目的协同,则需要在Vault服务器支持下进行。

(二)数据快捷方式协同步骤及实现

对于3种协同方式,外部参照主要功能可以通过数据快捷方式实现Vault服务器方式核心还是数据快捷方式,因此数据快捷方式协同设计在各方法中占有重要地位。数据快捷方式的实施步骤如下。

1.设定工作文件夹

工作文件夹用来存放设计文件,将相关设计的文件放在相同的文件夹中可以方便文件的管理;也可以将工作文件夹在网络中共享,其他设计者可以将其映射为自己的本地工作文件夹,满足多用户协同设计的需要。

2.创建数据快捷方式文件夹

数据快捷方式文件夹是工作文件夹的子文件夹,设计者需要用命名来区别于其他设计。数据快捷方式文件夹设定完成后,就被系统默认为当前文件夹,其路径会显示在工具空间数据快捷方式节点后。

3.创建数据快捷方式

在具有可供创建数据快捷方式的对象(如曲面)的设计中创建数据快捷方式,相应对象的名称就会出现在工具空间数据快捷方式的相应子节点中,以备后续设计调用。

4.创建参照

以创建参照方式调用的对象,可以被进行除编辑以外的所有操作,如创建纵断面、创建道路曲面等。

(三)图纸管理

在一个设计中,图纸管理是一个关键的工作。特别在协同设计方式下产生的图纸,图纸与图纸之间存在很强的关联性,对此类图纸的管理显得更加重要。对协同方式下产生的图纸进行管理,可以使用数据快捷方式管理器来实现。通过数据快捷方式管理器可以对快捷方式进行诸如更改对象名称、更改路径等操作。尤其是在对文件进行批量处理时,可以省去打开每一张图纸更改引用的麻烦。

四、矿岩运输系统BIM模型构建研究

(一)地形数据收集与模型构建

矿业工程3D建模软件(如3DMine、Micromine等)虽然在矿岩运输系统模型构建中表现略有不足,但在露天矿山境界设计和优化上表现突出。其中,3DMine和Civil 3D相似,都属于以CAD平台为基础开发的软件,可以很好地兼

容CAD，可以对dwg文件进行导入和导出。Civil 3D可以利用3DMine的设计成果，进行地形模型构建和后续设计。

（二）运输路线设计

在运输路线设计中，最小转弯半径是一个重要的参数（矿山道路设计规范要求一级道路最小转弯半径为45 m、二级为25 m、三级为15 m）。在传统CAD设计中，最小转弯半径常通过画内切圆的方式实现。这样效率很低，又无法保证设计质量。在BIM模型的构建中，最小转弯半径能通过参数进行设定。设计师只需规划道路的方向，最小转弯半径的效果就会自动生成，并可以对路线进行任意修改。

（三）基于装配的道路横断面设计

道路横断面设计可以通过对装配的设计实现。装配设计就是一个做"样板"的过程，即通过部件组装装配。装配决定了道路的形状，装配内容越多越详细道路模型就越逼真。虽然Civil 3D提供了内容丰富的装配，但这些装配主要是针对道路设计，对于胶带设计并没有可以直接调用的装配。除此之外，随着工程的不同，所需的装配也各不相同。为解决装配少的问题，可以通过以下途径扩展装配库：利用"部件工具选项板"提供的常用部件构建所需的装配。"部件工具选项板"提供了包括车道、路肩、边坡、护栏等丰富的部件，设计师可以根据项目的需要组装合适的装配；利用多段线创建自定义部件对象；利用NET语言设计复杂的部件对象；利用部件编辑器创建部件对象。部件编辑器为设计师提供了一种以绘制流程图的方式创建带有复杂逻辑的自定义部件。部件编辑器的使用很直观，避免了需要掌握NET语言才能创建自定义部件的缺陷；通过网络交流获得所需装配。例如，通过EABIM，中国BIM论坛等论坛获得装配。

（四）基于纵断面的道路高程设计

在传统CAD 2D设计中，道路模型常用平行曲线表示。用平行曲线表示的道路只能确定道路的投影位置，无法对道路高程进行细致表达。通过设计报告中对平均坡度的描述，只能将道路模型想象为连接两点的等坡度的面，但在实际中道路坡度会随道路位置的不同而不同。除此之外，矿山道路设计规范对矿山道路的坡度有严格要求（一级道路最大坡度为6%，二级为8%，三级为10%）。在方案审核中，传统设计只能通过平均坡度来判断设计的合理性，这也为道路施工带来不确定性。在BIM模型构建中，运用"纵断面布局工具"可以很好地解决以上问题,并可以通过参数设定坡长,坡度等参数。

(五)独立模型合并

作者认为,Civil 3D 最大的优点是可以将一个对象进行独立设计,例如,独立设计一个地形曲面或道路曲面。但这个优点也为方案设计带来一定的麻烦,就是独立的模型无法合二为一。高程比较高的曲面会覆盖高程比较低的曲面。对于高过地形曲面的部分,以模型边界创建曲面边界可以很好地解决无关部分覆盖地形曲面的问题,但这种方法只适用于比较简单的曲面;对于无法创建模型边界的复杂曲面,可以通过修改三角形最大边长来尽量减少无关部分覆盖问题,但是无法避免。后来通过对 Civil 3D 的深入研究,可以通过"曲面粘贴"的方法将多个曲面粘贴到目标曲面形成独立的模型。

五、虚拟与现实

(一)虚拟现实技术

虚拟现实是一种结合了计算机图形技术、传感器技术、多媒体技术、互联网技术、人机交互技术、立体显示技术和仿真技术等科学技术而发展起来的计算机技术;虚拟现实技术在 20 世纪中期被美国的 VPL 探索公司首先提出,后经美国宇航局的艾姆斯空间中心利用液晶显示器和相关设备制成了成本较低的虚拟现实系统,推动了虚拟现实技术方面的硬件进步。随着计算机技术的发展和其应用的普及,虚拟现实技术不仅应用在航天、通信、军事这些关乎国家实力的行业,如战机的虚拟驾驶,航天员的训练等;还应用在医疗、教育、建筑、娱乐艺术等关系到民生的领域,如医疗手术、商业产品的虚拟展销等。虚拟现实技术按照实现方式可分为:桌面式、沉浸式、增强式和网络分布式。桌面式虚拟现实利用电脑屏幕或单个投影仪即可实现,此方式成本较低,但给使用者的真实感不够强烈。在此方面的应用也比较多,如博物馆的虚拟游览。沉浸式虚拟现实在投入方面比桌面式大很多,因为它需要为使用者构建能模拟真实环境的场地(如三面投影墙、六面投影墙或各种传感器)。增强式虚拟现实与以上两者呈现方式不同。它通过头戴式显示器,可将虚拟景象与真实场景相结合,让使用者感受到基于现实的虚拟。网络分布式虚拟现实是结合了以上 3 种方式优点的网络系统,可应用于更加复杂的情况或实验。虚拟现实技术在国内的起步相对较晚,但它的重要性已经受到国家有关部门和研究人员的重视。例如,在国内,北京航空航天大学率先对虚拟与现实进行了研究;在虚拟现实临场感方面清华大学计算机科学和技术系做出了重要贡献；在立体显示方面西安交通大学信息工程研究所进行了实质性研究；在 BIM 与虚拟现实结合方面西安建筑科技大学管理学院通过沉浸式虚拟现实实验室做了大量研究。

（二）Civil 3D 中的虚拟现实

BIM 为虚拟建造及虚拟现实提供了方便。Civil 3D 中的自由驾驶从视觉角度为设计师提供了一种检查设计可行性的方案，属于桌面式虚拟现实技术。自由驾驶以设计路面为视角生成在道路上行驶过程中所看到的图像，并将这些图像以动画的形式展示出来。

第四节　BIM 在某露天矿矿岩运输系统中的应用

一、工程背景

以下以某露天矿矿区为例进行相关论述。某露天矿矿区已于1997年建成并投产1号破碎站。为满足矿山开采需要,又于2004年对矿区进行了用于扩建的施工图设计。由于1号破碎站在使用过程中,受一些因素影响,生产状态不理想,为确保开采规模正常,避免出现供矿中断现象,在扩建设计中增加了2号破碎站。2005年随着某矿区进一步扩建,为满足生产的需要,又建成3号、4号破碎站。1号、2号、3号、4号破碎站均设在采场东侧,为固定式破碎站,2号和4号破碎站均有相对应的采场出入沟及运输线路,运输距离相对较近,且平硐溜井运输比较完善,可继续使用。3号破碎站由于多方面因素,已停止使用。目前,随着采场进入凹陷,1号破碎站对应第一条开拓运输路线延长,运输距离较远,而且方向与选矿厂相反,即采用采场内开拓运输路线运输矿石到1号破碎站,再为各选矿厂供应矿石,有约1850 m 的反向运输距离,为无效运输功。故应优化1号破碎站位置,以节约矿石运输成本。

二、运输方式确立

矿山选用汽车—破碎站—胶带—平硐溜井运输方式,采场外矿石采用矿山原有的溜井平硐运输系统[1]。

三、运输路线优选

由于汽车的最终运输路线是由破碎站的位置决定的,所以路径优化的重点就是破碎站位置的选择。因此,在各种路径优化算法中,选用运输功理论来对破碎站位置进行选择。胶带路线由1号破碎站新设计位置与平硐口位置决定,取两点间直线;道路按已有道路路线设计。

(一)运输功的计算

利用某露天矿矿区3D地质模块模型,针对采场内所有矿石,按50 m 步距,采用参数化函数法,在露天境界内全面搜索计算矿石运输功。在矿区范围内共

---

①洪迅法. 深井和深露天矿的运输问题及其解决途径[J]. 国外金属矿山,1992(07):42-43.

计算出928个结果,总运输功为36 459.49万t·km。

(二)设计参数

运输胶带系统从移设后的1号破碎站开始,到矿山原有的溜井平硐口。

设计参数:在开采境界中部1282 m中央大平台抬高24 m,升至1306 m平台的基础上进行的。设计胶带总长710 m,破碎站上口标高1306 m,下口标高1282 m,经掘沟段—预留垫层爬坡段—下行段直达1378 m斜溜矿井。设计带宽B=1200 mm,上运最大倾角为12.72°,提升高度24 m,从破碎站底部1282 m到1306 m平台;上行预留垫层爬坡段段长444 m,上运最大倾角为12.72°,提升高度96 m,从1306 m到1402 m;下行掘沟段段长156 m,下行最大倾角为9.47°,下降高度24 m,从1402 m到1378 m斜溜矿井。

四、某露天矿矿岩运输系统BIM模型

某露天矿采区内矿岩运输系统包括运输胶带一条、运输道路6条。胶带负责将1号破碎站破碎的矿石运输到采区外的平硐,道路负责采区内矿石的转移和岩石的外运。模型建立包括地形模型建立、运输路线选择、装配建立、纵断面设计。

五、地形分析

地形分析是露天矿山设计的开始,只有正确且高效地理解地形中所包含的信息,才是矿山设计准确可靠的保障。根据构建完成的BIM模型可以执行高程、坡度、方向、坡面箭头、等高线、跌水、流域等分析。在这里笔者以高程、坡度分析和跌水、汇流区分析为例,来应用以构建的BIM模型。

(一)高程和坡度分析

对于露天矿设计,尤其在地形复杂的情况下,一时很难找到矿区的最高点和最低点,对设计范围的确认也更加困难,要通过对比图纸上的标高,才能进行区分。对设计范围标高位置的准确判定,决定了设计开始的位置,一旦因为疏忽漏掉了一些重要的标高,将会影响到设计的进程,甚至要重新开始。高程分析采用不同的颜色标示出不同的标高,可以清晰地显示出地形的凹凸,并可以直接判断出地形中的最高点和最低点。

坡度影响着露天开采的安全性,坡度分析不仅仅被应用于地形分析,在边坡设计完成后进行的边坡分析,可以展示全面的最终边坡角坡度情况,而不用

通过做垂线手工计算代表性最终边坡角。这样可以避免因为进行手工计算而导致局部坡度不合理情况的出现。

(二)跌水和汇流区分析

跌水分析可以追踪水流流过地表的路径,在模型上绘制一条 2D 或 3D 多段线代表水流流过的痕迹,还会标记痕迹的起点。汇流区可以分析径流和地表排水区域,可以为防止土壤侵蚀的设计提供快捷数据。

在露天开采设计中,给水排水是不可缺少的项目,尤其是排水方面更为重要。这是由于露天开采会形成采坑的特殊性,会很大程度地汇集自然降水。如不加以处理就会影响到开采的正常进行,甚至造成安全隐患。露天开采进行排水的最直接做法就是修建截水沟。通过截水沟的导流作用将大气降水导出矿区。跌水分析和汇流区分析的价值在于提供了直观的设计依据,不仅提高了效率,还降低了人工参与的不准确性。

六、模型分析

模型分析为道路模型的检查与修改提供了方法,包括纵断面分析、可见性检查等。

(一)纵断面分析

道路纵断面分析的实际意义在于为检查分析道路每一处纵断面提供了可能。纵断面分析能够将设计的纵断面与地形结合,并将形成的纵断面按编号排列。设计师可以按顺序检查及修改纵断面细节,也可以选择所要关注的道路纵断面。

(二)可见性检查

在露天矿山的开采中,连通开采境界的运输道路走向会受到地形和开采境界的限制,在很多地方会产生视觉盲区。为此,在露天矿山的可行性研究和初步设计中,会要求设置限速牌、警示牌、路边凸面镜等来协助矿山车辆的安全行驶。可视性检测工具可以对模型进行计算,为设计师提供准确的信息,避免了设计师依据经验判断而造成的疏漏。可见性检测分为两种:视线影响区检测和点到点检测。

七、工程量计算

在道路设计的可行性研究阶段和初步设计阶段,工程量计算是必不可少的。工程量计算可以用于方案对比,选择最佳设计方案和施工方案。在传统设计中,常用到的工程量计算方法有平均断面法和棱柱体法。这些方法只能对土方量进行粗略地估计,计算出的结果误差在10%左右。在地形复杂的地方所需要的采样横断面更多,由此会带来更大的计算量。

对BIM模型进行的工程量计算,算法核心是角网格法。通过道路模型生成的道路曲面,和已有的地面曲面相比较来计算土方量。和传统的断面法相比,通过两个曲面来计算的土方量会更精确。工程量计算可以通过生成填挖方报告(Cut/Fill Report)来实现。

参考文献 REFERENCE

[1]暴慧峰.探究智慧矿山建设架构体系及其关键技术[J].当代化工研究,2019(11):26-27.

[2]常浩宇.BIM+GIS技术在山岭隧道施工策划阶段的应用研究[J].施工技术,2021,50(12):126-129.

[3]邓大智.BIM在煤矿采掘工程项目管理中应用研究[D].西安:西安科技大学,2014.

[4]郝文峰.矿山工程施工安全管理影响因素及对策分析[J].能源与节能,2015(10):39-40.

[5]洪迅法.深井和深露天矿的运输问题及其解决途径[J].国外金属矿山,1992(07):42-43.

[6]黄亚斌.企业级BIM应用实施步骤(一)[J].土木建筑工程信息技术,2011,3(02):56-61.

[7]景觅,胡达涛.某大型露天矿深部运输方案优选[J].现代矿业,2016,32(03):43-45.

[8]康荣冰.BIM技术在建筑工程施工管理中的应用[J].湖南工业职业技术学院学报,2020,20(06):24-27+45.

[9]李一叶.BIM设计软件与制图[M].重庆:重庆大学出版社:2017.

[10]李永利.矿山建设监理过程中井筒工程质量影响因素识别与分析[J].科技视界,2012(25):236-237.

[11]刘洪伟.矿山工程施工企业项目管理标准化体系建设[J].现代矿业,2020,36(02):226-228.

[12]刘继龙,李成华,蔡斌,等.浅析BIM技术在工程项目进度管理中的应用[J].四川建材,2015,41(03):261-262.

[13]刘先国.基于BIM的项目施工管理应用研究[D].北京:北京交通大学,2021.

[14]牛莉霞,李肖萌.5G时代智慧矿山安全管理新模式[J].中国安全科学学报,2021,31(06):29-36.

[15]祁文清.煤矿井巷工程的现场施工管理[J].中小企业管理与科技(上旬刊),2016(02):96.

[16]邱明明.基于BIM的项目设计质量管理研究[D].南昌:南昌大学,2019.

[17]沈咏军.论BIM信息技术在建筑施工组织管理中的协调应用[J].吕梁教育学院学报,2018,35(01):71-73.

[18]王飞,赵秀梅,张瑞英等.BIM技术下工程项目施工风险研究[J].科技创新导报,2015,12(31):68-69.

[19]王爽.浅谈BIM技术的发展历程及其工程应用[J].城市建设理论研究(电子版),2017(28):128.

[20]吴凯.IPD模式下BIM技术应用研究[D].太原:太原理工大学,2020.

[21]徐亚忠.建筑工程管理中BIM的有效的应用[J].建材与装饰,2019(17):198-199.

[22]许俊,田佩芳.基于GIS的煤矿安全隐患排查治理综合信息管理平台设计及应用研究[J].中国煤炭,2017,43(01):82-88.

[23]杨鹏辉.基建矿山工程管理与造价控制[J].中国高新区,2018(13):231.

[24]殷瑶.基于BIM的建筑施工安全管理研究[D].长沙:中南林业科技大学,2021.

[25]于晓.BIM技术对建筑业转型升级的影响研究[D].合肥:安徽建筑大学,2020.

[26]张彩杰.露天矿山运输系统风险分析及路径优化研究[D].广州:华南理工大学,2016.

[27]张人友,王珺.BIM核心建模软件概述[J].工业建筑,2012,42(S1):66-73.

[28]张胜.基于BIM的矿山建设工程施工安全管理研究[D].徐州:中国矿业大学,2021.

[29]赵伟合.BIM技术推动下建筑工程项目风险分担研究[D].重庆:重庆交通大学,2020.

[30]周思齐.基于BIM技术的综合体建设工程项目施工风险防范研究[D].重庆:重庆大学,2018.